U0336893

光明城
LUMINOCITY

看见我们的未来

胡恒 著

Hu Heng

Sites of Amnesia

当代史 丛书

胡恒 主编

book series of

On Contemporary Histories

edited by

Hu Heng

总 序

阿根廷作家博尔赫斯写过一篇小说《博闻强记的富内斯》。主人公是一个从马上摔下成了残疾的年轻人。一摔之下，他的“头脑清醒”了，从此可以记住一切发生过的事，看到之前从未发现的事物，他感觉“生活过的十九年仿佛是一场大梦”。某种意义上，这套“当代史丛书”做的事跟这位瘫痪青年有点相像：让被遗忘的事重现，让遗忘的原因重现，让遗忘的意义重现。我们都试着证明，遗忘是不可能的。

不过，我们的“当代史”并非去重启尘封往事；它面对的是进行中的当下——让那些给予我们冲击的、有意义却正在被忘却之事，成为历史。当然，“当下的历史化”不是查漏补缺，也不是赋予对象以某种历史意义就算了事。它是一项历史逻辑的重建工作。我们借由某些特殊的当下（遗忘中的事件）去展开一条历史脉络，串联起这条脉络的是一些或隐或显的历史节点，节点之间的逻辑是当代史要去发掘与建构的。新的历史逻辑、脉络更新了历史的剧情，给予我们新的阅读体验。更重要的是，它还会冲击我们的存在感（记忆之场)。一般而言，探索遗忘之场是艺术家的专属事宜，与常人无关——他们会有意识地去搜寻梦、潜意识这些大脑皮层上的隐晦区域，以此获取创作的灵感。从这个角度来看，当代史研究与艺术创作有着些微相似。写作者需要确信在可见的世界之后还有另一层现实，并且他会动用所有的智慧与知识去呈现。而读者在阅读到这一层新的现实后，也将面临一个问题：是否加入其中，成为一分子？当代史是尚未截止的历史，它的画框一直拉到我们面前。我们对参与与否的选择，会直接影响到当代史的形态、走向，甚至未来。

新的历史逻辑的建立，不是单纯的描述和揭显（诸如挖挖黑历史之类）。它是一项艰难的分析工程。福柯曾在一个访谈里说道："我们应当谦逊地对自己说：哪怕不那么郑重其事，我们生活的时代仍是非常有趣的，它要求着分析。而且事实上我们就常常这样问自己——'今天是什么？'"

"今天是什么？"这句话可说是"当代史丛书"的题头语。在我们这里，"今天"是遗忘中的当下事件——它是某种内在的结构性冲突的反映，某一力量场失去平衡的"阈限"征兆，它的出现与消失同样迅速，令人深思。对于它，分析需要在三个层面上同时进行。其一，当下事件被遗忘，固然有着此在的原因，但同样与过去有着隐秘关联，这也许是遗忘的更深层的动机。这些或远或近的原因以及它们的相互关系，是分析的第一个层面。其二，遗忘是一种结果，也是一种运行机制。事件发生后，这一机制如何产生、启动、作用于我们身上达成"遗忘"的效果？这是分析的第二个层面。其三，理论上，历史逻辑的建构是多角度多层面的；也即，分析是无限的。如何控制住分析自身，避免"过度诠释"导致写作的整体性削弱，这是分析的第三个层面。三个层面分别指向分析对象、分析者自身、分析技术。怎样将它们统辖好，是每个当代史研究者都必须解决的课题。

清理"遗忘之场"，建构新的历史逻辑，自检分析技术——这些当代史的工作并无一定之规，会因为写作者的差异而有所不同。但是，无论阿里阿德涅线团滚向何方，最终都需回到对历史本质的定义上来。在我看来，历史本质大体定义于三条轴线：喜剧性、悲剧性、荒诞性。我希望这个系列的写作能够回旋在这三根轴线上。如果某条历史之线在延展于某“本质轴”的同时还能穿行于两者或三者之间，那就再好不过。当然，这项工作并不容易，或许得由多项写作的并置叠加才能达成。

博尔赫斯小说的那位主人公在“清醒”两年后就去世了。虽然这是小说情节，但也给了我一个启示。研究遗忘，打开遗忘之场，探询遗忘的意义，也许是件不无危险的事。至于是伤己还是伤人，以及伤到何种程度，我看都有可能。这是写作者需要提前估量的。估量不是为了回避，而是让写作者做好心理准备来迎接“意外之伤”——在坦然接受其之余，甚至可以沿着“伤之痕”更新写作路线与主题。“伤”意味着改变，而改变正是“当代史”的终极目标。

胡恒

目 录

当代史：一种建筑写作

我只是证明，法国阶级斗争是怎样造成了一种局势和条件，使得一个平庸而可笑的人物有可能扮演了英雄的角色。

——马克思《路易·波拿巴的雾月十八日》

当代史是一个宽泛的概念。一些人认为，当代史就是两次世界大战之间的历史，从 1914 年截至 1945 年。另一些人则认为，当代史指的是全球史，其合理的分界点是 1960 年，肯尼迪就职美国总统，世界进入全球化模式。在某些人看来，这个概念很常态，因为“自修昔底德以来，大多数最伟大的历史著作都是当代史”（塞顿 - 沃森语），比如文艺复兴时期的史学家保罗·焦维奥就写过名为《当代史：1494—1547》的著作。而对国内的历史学者来说，它的含义很明确，当代史即共和国史（1949 年以来的中国历史）。

这些观点大相径庭，但都包含一个共有的态度：历史学家的职责并非单纯的“了解过去”,他还需对身处的时代作出回应。一旦这个时代是特殊的——比如说两次世界大战——该职责就更显迫切。这也是关于当代史的讨论发端于 1918 年的原因——世界发生了巨大的断裂，旧秩序终结，历史的含义亟待修订……此时，本已习惯埋首于故纸堆的历史学家们齐齐将目光转向自己身边。

每一个时代都有特殊之处。在我看来，强调当下的独特性（历史的转折点、断裂口之类）并不重要。当代史既非描述也非定义，它要做的是去展开某种“局势和条件”，进而诠释发生于当下的荒诞事件。也即，认知某种“神奇”的当下。对此，马克思在《路易·波拿巴的雾月十八日》（以下简称《雾月十八》）里做了示范。他截取一段“各种尖锐的矛盾极其复杂”的时期（1848—1851 年的法国革命），描绘了“被涂成一片灰暗的那一页历史……正是在这一页历史里，人物与事变仿佛是颠倒的施莱米尔——没有肉体的影子，革命把自己的体现者麻痹了，却把热情全部赋予自己的敌人。”在将这一页灰暗历史的“局势和条件”铺展开后，荒诞的“波拿巴事变”（“一个平庸而可笑的人物扮演了英雄的角色”）变得容易理解起来。在该书中，马克思展示出撰写当代史的方法、技术与概念，150 年后的今天，这些依然有效。

当代史中，历史学家不再是客观地展现一幅旧日图景，而是将图景边框拉伸到此刻此地。读者既是旁观者，也有可能是其中的角色，他们会在这张图中找到自己的位置，认知自己和过去的联系。他们不再是“没有肉体的影子”。另外，当代史还将作者拉入历史之中，他兼具历史的见证者和编撰者双重身份，这迫使他要不断思考自己及其写作对于历史的意义。历史、当下、写作者三方关系被重新调整。写作不再是安全距离之外的平静审视，它必然会进入历史洪流，成为其中一股动力。

一、主题即问题

当代史的第一个主题是，当下，如何成为历史？或者说，我们的写作如何使当下具有历史感？显然，只注目于当下是不够的。用对待过去的方式来描述现在也行不通，因为我们面对的是新鲜活泼的直接经验，而不是积满灰尘的档案袋。它们常常无人评说就转瞬即逝，更没有文献资料可供参考——我们是第一个将之纳入历史轨道的人。那么，怎样赋予这些还在过程中的直接经验以历史性呢？这是当代史面临的第一个问题。

实际上，现在总是与过去有所关联。如同马克思在《雾月十八》一书的开篇所言："黑格尔曾经说过，一切伟大的世界历史事件和人物，可以说都出现两次。他忘了补充一点：第一次是作为悲剧出现，第二次是作为喜剧出现。"某种意义上，这句话是我的"当代史"研究的支点。马克思与黑格尔提到的"周期"是关键。在马克思所设立的"历史周期"中，过去（1848 年的"二月革命"）和现在（1851 年 12 月的"波拿巴事变"）具有某种特殊的联系。过去是一个词语、一个预言，而现在则是过去的重影、一出模仿的滑稽剧。在这个三年的周期中，当下具有了历史意义。所以，"当代"是一种关系：过去与现在的关系。我们笔下的当代能够成为历史，正在于它是某一历史周期的组成部分。

当代史的第二个主题是，过去，如何影响着当下？或者说，过去，如何进入当下，成为构筑我们现实感的一部分？在《雾月十八》中，1848 年到 1851 年的历史周期就像一柄"时间炖锅"。各个历史角色走马灯似的频繁更换位置，反复摩擦。人性的弱点和黑暗面在这"灰暗的历史一页"中被挤压出来。它使得一次不算彻底但也颇为鼓舞人心的"二月革命"，"沿着下降的路线"走向堕落，演变成一出莫名其妙的政变闹剧，把革命果实彻底葬送。这口"时间炖锅"也是一个空间容器。过去即当下，两者近乎一体。

《中华路 26 号》一文中也描述了类似情形。一栋民国小建筑（南京基督教青年会旧址）命运多舛，意外频发。它在 1937 年南京大屠杀时的火灾与 2010 年的保护性重建工程之间，构成一个跨度为 73 年的历史周期。周期首尾两端是两起创伤性事件，且都是外部世界的偶然入侵。前者是历史断裂在空间上的投射，后者是城市结构变动所导致的空间微调。这个历史周期里，所有的关系都与创伤相关——这个历史周期的性质就是创伤与遗忘，正如马克思对其历史周期的定义是"革命危机的时代"。在《中华路 26 号》中，过去进入当下，走的是一条幽灵通道。1937 年的创伤内核漂浮在城市上空，等到 2010 年的重建危及这一历史记忆的最后物质载体即建筑外壳时，它才降临，将现实的符号化进程尴尬地卡在某个地方，以强调自身的存在——遗忘是不可能的。过去与当下，在创伤逻辑的支配下联系在一起。可见，在每一个历史周期、每一段当代史中，过去与当下的关系属性都不一样，都需要作者挖掘与重构。

当代史的第三个主题是，哪些当下值得转化为历史？理论上，所有当下的经验都可转化为历史。但在写作上，能够成为历史的，就是那些会出现两次的东西了。在黑格尔那里，是"一切伟大的世界历史事件与人物"；在马克思那里，是"对立矛盾周期性激化"下的革命运动。在我们这里，则是可作为探究历史本质之线索的建筑事件。

二、任务及路径

当代史的任务是：一、确定"当下"的位置；二、确定"过去"的位置（截出历史周期）；三、建构过去与现在的"关系的形式"（确定历史周期的属性）。

一般而言，关系的形式分为两类：一类是常见的线性因果关系，以及福柯所说的因果链的"循环往复的再分配"；另一类是某种激烈的、跳跃的关系，这种关系形式是在历史表面的匀质连续界面之下的空隙、裂口与结构错位。当代史考察的更多是后者。如果将历史比拟为人，那么当代史要面对的就是那些生病的人。过去，就是有创伤意味的记忆；现在，则是爆发中的身体疾病。它们或许没有明确的直接联系，但过去总是在不可预料的时间和地点回归现实，干扰并破坏当下身体的稳定状态。这种紧张关系类似精神症患者的精神与肉体、意识与潜意识之间的冲突。而对"关系的形式"的搜寻和描述，也近于精神分析者的工作。

当代史中，事件就是疾病的显现。确定当下，就是找到事件。事件有大有小，但我们属意的那些，一般具有偶发性、荒诞性、扩张性等特征。偶发性是指事件的出现出人意料，仿佛从虚空中突然降临（比如央视配楼的无名大火）。事发原因晦暗难解，引人遐思。事发之后也并无发酵，似乎很快就被淡忘，消逝无踪。另外，有些事件并不引人注意，但它很偶然地为研究者所知。比如《中华路 26 号》中的改建事件，它本是城市发展进程中的寻常小事，笔者在与涉及该项目的朋友闲谈中才不经意得知，继而着手研究。

荒诞性是指事件的表现形式，它是当代史研究对象的核心属性。如《作为受虐狂的环境》一文里写到的某新建筑改造行为：一个区级体育大厦，刚落成时备受瞩目、好评如潮，甚至边上的房子都被涂成跟它一样的红色；但没几年就被悄然改建成妇产医院，建筑师不再承认是其作品，相关人士也对之避而不谈。前后际遇的巨大反差，让这一寻常的新建筑改造事件变得不寻常，充满了莫名的荒诞气息。

扩张性是指事件的群体效应。很多事件看似单独出现，但一旦我们调整视角，就会发现在其周围早已有了协同者、效仿者、感染者。比如那起新建筑改造事件，因为设计者是知名建筑师，我们会当其为独立事件。但在对其所属的大型居住区（南湖新村）做全面盘查之后，我们发现同期建造的一批公共建筑都面临着被改造的窘境；它们不约而同地被此居住区排斥和拒绝。单个建筑事件的周围是群体事件，而更深层的问题则落在了背后的社区身上。

以事件来确立“周期”，是当代史的主要研究路径。“周期”的成型需要两个事件。一般来说，发生在同一建筑身上的两次事件最为合适，比如本书中提到的“中华路 26 号”以及新建筑改造。也有可能是，在我们界定出一段历史周期并加以研究后，另一历史周期浮出水面。后者或许是诠释前者的关键，或许更能显现出周期的本质。比如那起体育大厦改造事件背后，是大型社区南湖新村 30 年来城市身份的艰难转型。顺理成章地，这段三年的小周期被纳入新出现的大周期里。继续深入下去，我们发现，真正的源头事件是“文革”结束时城市“下放户”回城。这些人是此社区的主要使用者，当下的新空间动作看似正面，却触动了这一特殊群体的精神世界与物质世界，就性质来说无异于入侵。他们的对抗策略是以弱者的身份实行“受虐狂的游戏”——让“入侵者”（时尚符号的布展工程）悬置，产生焦虑，继而歇斯底里，最后无奈退场。历史周期的主体、形态、结构一变再变，写作要捕捉的历史属性从荒诞性一步步走向悲剧性。

有时候，事件并不一定表现在建筑上，它还有其他类型的载体。比如南京“老城南保卫战”系列。这段充斥着事件的当代史有一个显在的周期——从旧城改造的最初规划到示范街区开街的13年，但是其内容过于复杂，梳理清楚其“局势、关系、条件”并不容易。笔者于是找到一幅明代古画作为事件载体：它在这个大周期里出现在两个不同的事件中，且事件地点都在门东地块。由此笔者在大周期里截出一个小周期来，时间是这13年里的10年，空间是老城南中的门东地块。从大周期缩聚到小周期，在此还导致周期属性发生微妙变化：这个大周期的属性是旧城改造中常见的商业资本与本土文化争夺空间的冲突；到了小周期，通过古画抽离出来的周期属性是复苏的“场所精神”（与权力机制相抗衡的市民生活）的自主回归，这一场所精神只属于“老城南”这一场所，且在明代中后期得以成型。这样，周期、事件的最终定位全部落在这幅古画上。

总的来说，具有重复性的事件是我们确定周期的关键。不过，哪些元素在重复出现？哪些重复带有事件特征？哪些重复的事件透出莫名的（荒诞的、古怪的、引人遐思的）气息？这需要我们仔细甄别。它决定了当代史写作的成败。

三、身份、距离与临时建构

当代史以当下的事件为切入点。这意味着作者必然身处事件之外、之旁甚或之中，距离游走不定。他从旁观者、见证者，到研究者，再到参与者，身份亦变化频繁。马克思在写作《雾月十八》时，其身份的复杂性达到了极致：他的自我定位是历史学家；在普通读者看来，他是时事政论家；在特定阶层看来，他是革命导师或异见分子；在文章结束时，他又像一个大祭司式的预言家。

当代史的作者必然具有多重身份。这是一柄双刃剑。有利的一面是，它使写作具有现场感，直接掌握第一手资料。它们大多以非正式的信息方式存在——还未被过滤和清洗，研究者可由之观测到事件的细微变化。它们一闪即逝，不在局中就无从知晓。研究完成后，其成果进入现实，在媒介与知识层面上继续发挥效能，对现实世界产生作用。在 1851 年 12 月 3 日，即路易·波拿巴发动政变复辟帝制的第二天，马克思遂着手对该事件的研究，四个月后完成《雾月十八》全书。随后该书被翻译为英文在美国出版，对全世界的无产阶级革命施以影响。

不利的一面是，研究者离对象过近，易使主观的情感要素介入过多。这会导致历史写作所必要的距离感消失，研究的立场因此失去宏大视野，滑入浅层的情绪模式，甚至会做出错误的结论。比如，与《雾月十八》同时期的相类著作还有维克多·雨果的《小拿破仑》。雨果认为该事变是个人的暴力行为，他的态度是“尖刻和机智的痛骂”。马克思对雨果的批评是：“他没有察觉到，当他说这个人表现了世界历史上空前强大的个人主动性时，他就不是把这个人写成小人而是写成巨人了。”也就是说，雨果的批评看似否定，实则是肯定。这显然是个根本性的误判。不利的另一面是，当下事件尚在进行，研究者的过度介入有可能会对之产生干扰。而且，这一干扰反过来还可能影响到研究本身，比如周期的终点事件出现变数，这可能会推翻论文的结构、主题设定，使论证逻辑作废等，研究面临崩盘的危险。

危险亦是考验。写作应该止于何处？如何处理新生的变数？如何为之调整研究路径，重设论证逻辑与研究目的？主体参与的界限在哪里？这一系列问题，使得当代史走上“临时建构”之路。每一次当代史写作，都是一次暂时的、片段的建构。它不是安全屋，能满足读者对现实的美好想象；也不是发泄桶，让作者的情绪和道德诉求得到释放。相反，它在建造一栋“危楼”，其中充斥着力量的对抗、错动的结构层、莫名的事物、裂缝与阴影。就像在《雾月十八》中，所有关系都是不正常、扭曲、临时的——因为那个历史周期的属性就是“革命危机的时代”，“一个民族陷入癫狂的状态”。由事件构成的历史周期，是一柄矛盾与冲突的“时间炖锅”。它不存在直线的因果律，而是各条关系线交错纵横，且常常处于濒临绷断的边缘。事件爆发就是局部极限状态被冲破的结果。所以，对“危楼”的建造同样也充满了不确定性和不可知性。它邀请读者加入进来，共享对现实的另一种体验——或许还可为“危楼”工程尽上一份力，比如让某条关系线提前绷断。

《作为受虐狂的环境》一文里包含两层临时建构。在第一层关于建筑的小周期中，作者借由私人关系获得新建筑改造的事件信息，研究有了一个开端。在第二层关于南湖新村的大周期中，作者的角色更为复杂，旁观者、研究者、参与者，顺次转换。整整一年的实地调研，作者在获取大量的原始资料之外，还参与了社区的日常生活，这给研究对象带来微妙的影响。“受虐狂的游戏”尚在进行，各方参与者都处于高度敏感的状态，尤其是历史周期的主体“下放户”们。研究者与他们的寻常交流，常常激起出乎意料的反应。他们被获知的信息刺激，无声的解构式的“受虐狂的游戏”不自觉地向喧嚣的“对抗性战争”演变。这超出了研究者的论述范围与概念界限，所以本项研究在一个省略号中结束。显然它还需要第三层临时建构，不过这应该是几年后的事了。

四、拼图与密度

当代史是从个体经验出发的历史。历史与研究者之间的距离不再恒定，二者时常交融合一。为了避免过于主观化，当代史采用的是拼图模式——它不仅需将历史碎片拼合成一张完整图像（临时建构也是一项结构严谨的工作），还是多个主体、多个平行存在的写作。一次写作构成一个独立的小历史。这一拼合是水平的，即不同事件点、不同作者的拼合；也是垂直的，即对同一事件的不同写作角度的拼合。

水平的拼合，就像马克思的《雾月十八》与雨果的《小拿破仑》、蒲鲁东的《从十二月二日政变看社会革命》。雨果是主观情绪型，蒲鲁东是客观理性型；

这二人的观点态度代表了大多数人，易于获得共鸣。相比之下，马克思处于完全不同的层面上：他建构的是一个历史空间，其中每个角色（山岳党、保皇派、共和党、无产阶级、农民、军队、路易・波拿巴）都有着复杂的心态，他们被时代裹挟，身不由己地做出各种动作，三年中，无论是自身的立场还是相互关系都在不停变动，这些改变既诡谲又合理，共同为这段历史周期确立下独特属性。面对三者，读者不难辨认哪一本更能揭示出历史与当下的本质面目。

垂直的拼合，马克思也有典例。他在 1850 年针对《雾月十八》的三年周期中的两年另外独立成篇，即《1848—1850 年的法兰西阶级斗争》。这本书的主旨是研究在这两年的革命进程中，变革的党是如何通过一系列失败（不是成功）而成熟起来，成为革命的党。该书写于《雾月十八》之前，二者主题不同，但角色、事件等素材基本一致。垂直的叠合展现出那段革命史内容的丰富性，还能帮助作者进行主题的层级区分——是推动革命者自身进步更迫切，还是揭示历史（时代）的荒诞本质更重要？笔者在“老城南保卫战”系列研究中也采用了类似方法。《“场所精神”的回归》一文是以《南都繁绘图卷》为切入点，在“老城南保护战”这段当代史中切割出一块“小历史”来，确定周期，挖掘出“关系的形式”，诠释“老城南保卫战”最终逆转的内在原因。在《庶民的胜利》一文中，仍然切出以《南都繁绘图卷》为首尾的历史周期，仍以场所精神的回归为“关系的形式”，但诠释的不是“保卫战”事件，而是在这个周期里出现的三次规划方案。在《〈南都繁绘图卷〉与〈康熙南巡图〉（卷十）》一文中，笔者对比两幅古画，抽取出《南都繁绘图卷》的主旨——老城南的场所精神在明末就已确定,历经数百年延续下来。垂直来看，它可说是另两项当代史写作的基础。

两种拼合中，多线的逻辑、信息、元素互相关涉与撞击，能够将某些东西挤迫出来。比如《雾月十八》与雨果、蒲鲁东的拼合，产生出来的是对两种普遍偏见的纠正：历史的荒诞性不是由个人导致或者是无主体的过程。再与《1848—1850 年的法兰西阶级斗争》拼合，出现的就是革命者的自我反思（革命失败不是缘于敌人强大，而是由于自身的软弱、不彻底与局限性），以及应该如何反思（对时代的荒诞本质的认知是反思的基本前提）。“老城南保卫战”系列则是从三个角度挤迫同一个问题：在此历史周期里，场所的反权力本性如何被引发显现，对现实产生了怎样的作用？

一次当代史写作就是一块拼图。无论是水平拼合还是垂直拼合，要想挤迫出历史的本质（喜剧性、悲剧性、荒诞性），仍然需要足够的密度。密度一方面指拼块本身素材的多元性。当代史研究需要大量尚未成为“史料”的素材。这些素材如何获取？或者需要哪些素材？这些素材在哪里？这些都无先见经验。在“老城南保卫战”系列中，笔者参阅了同事们关于门东地块的基础研究。这些过程性素材既未被收入正史，也未被官方正式发布。在南湖新村研究中，开端事件（新建筑改造）的资料来源于与笔者相熟的一位建筑师，而源头事件（“下放户”回城）几乎不存在于正史，只在一些本地作家的文学作品里委婉闪现；但它却是南京人私下共享的集体记忆——笔者从一些同事那里获知了不少相关信息。还有许多重要的信息收集必须借助于网络，比如与体育大厦同期的一批新建筑改造失败事件，仅见于网络的角落旮旯。当代史素材已不再依赖档案室，各种媒介、各条渠道都需用上。当然，相比于如何获取资料，朝哪些方向去搜寻资料更为重要，往往由研究者的直觉来判断。这或许是当代史写作最难把握的地方。

密度的另一面是指，拼块越多，挤迫出来的动荡、冲突的状态越清晰。正如本雅明在《历史哲学论纲》里写道，“我们生活在其中的所谓‘紧急状态’并非什么例外，而是一种常规”。只有在多层面、多角度的拼合中，“紧急状态”里的历史属性及其可能的诠释路径才会冲破一切界限，袒露在我们眼前。

五、预言

马可·奥勒利乌斯在《沉思录》里说道："看到了现实的人就看到了所有事情；难以探测的过去发生的事情和未来将发生的事情。"这句话的前半段就是当代史的工作：看到现实，探测过去。至于后半段的未来之事，不在当代史的研究范畴内。但是，在前半段工作结束的时候，关于未来的预测常常会自动浮现。比如在《雾月十八》的"历史周期"里，过去成为现在的一部分，当下事件获得理解，它不再是令人难以理解的惊爆点（该书出版前，"波拿巴事变"被普遍认为是一个"奇迹"），它成为正在延伸的历史之流中的一环。当下既连接着过去，也连接着尚未显现的未来。在书的最后一章中，马克思指出，"波拿巴事变"并非结束，它还对法国革命的未来和无产阶级的后续战斗策略有所启示。所以，当下不仅是周期的终点，它还预告（或许还推动）着另一段"小历史"的形成。

不过，预言并非提前设定的目标或终点；它是研究的副产品，它在写作趋于结束之时才有可能出现。据笔者个人经验来看，对历史周期的建构成效，对关系形式的挖掘深度，对历史本质的揭示面积，直接影响到预言的质量。换句话说，高级的当代史写作，不仅会让读者窥见未来，它还建构着未来。不止写作者，读者也有份参与，做出贡献。

“场所精神”的回归

2005年，南京中华门外，东长干巷旁，秦淮河边。防洪墙上竖立起一道2.4米高、80多米长的青白大理石影壁。壁上刻有一幅浮雕画，画的原型为著名的明代风俗画《南都繁会图卷》[1]。长卷的画面被拆成40多个场景，连续排开，蔚为壮观。石雕的位置很合适，因为手卷所画的正是明后期南京城的城南[2]风光，长干巷是其交界（城内外）——画中空间与石雕所处的现实空间正相吻合。石雕对古画的分解与重组，使500年前的南京城变成一套快照，顺次展现于市民眼前。它有个正式的名字——“南都繁会石刻”，为“新秦淮八景”之一。

---

[1] 该画卷卷首署“明人画南都繁会景物图卷”，高44厘米，长350厘米，绢本设色，现藏于中国历史博物馆。虽然托名仇英，但笔法粗糙，显然不实。见：吕树芝. 明人绘《南都繁会图卷》（部分）历史教学，1985（08）：64. 该画卷是现存最早的关于明代南京城的风俗画，被视作“南京的《清明上河图》”。三米多长的画幅中绘有群山一组，河流两支，道路五条（一条主干道、四条支路），大小船舶十九只，人物一千有余，建筑三十余座。街市作为主体被置于前景，山水为衬托置于中部后侧。画中依野一市一朝的空间顺序，由城西南外郊起始，经过城南市区，最终到达东北方的皇城。

[2] 明代朱元璋定都南京，把45平方千米的老城分为三部分：西北军营，东部皇宫，南部居住。因此老城的南部以夫子庙为核心，东西至城墙，南至中华门，北至白下路，是南京居民最密集的地区，延续至今，称为“老城南”，包括南捕厅、牛市、老门东、老门西等著名地区。老城南是南京城市历史的发源地，被称为南京本地文化的“活化石”。

“南都繁会石刻”

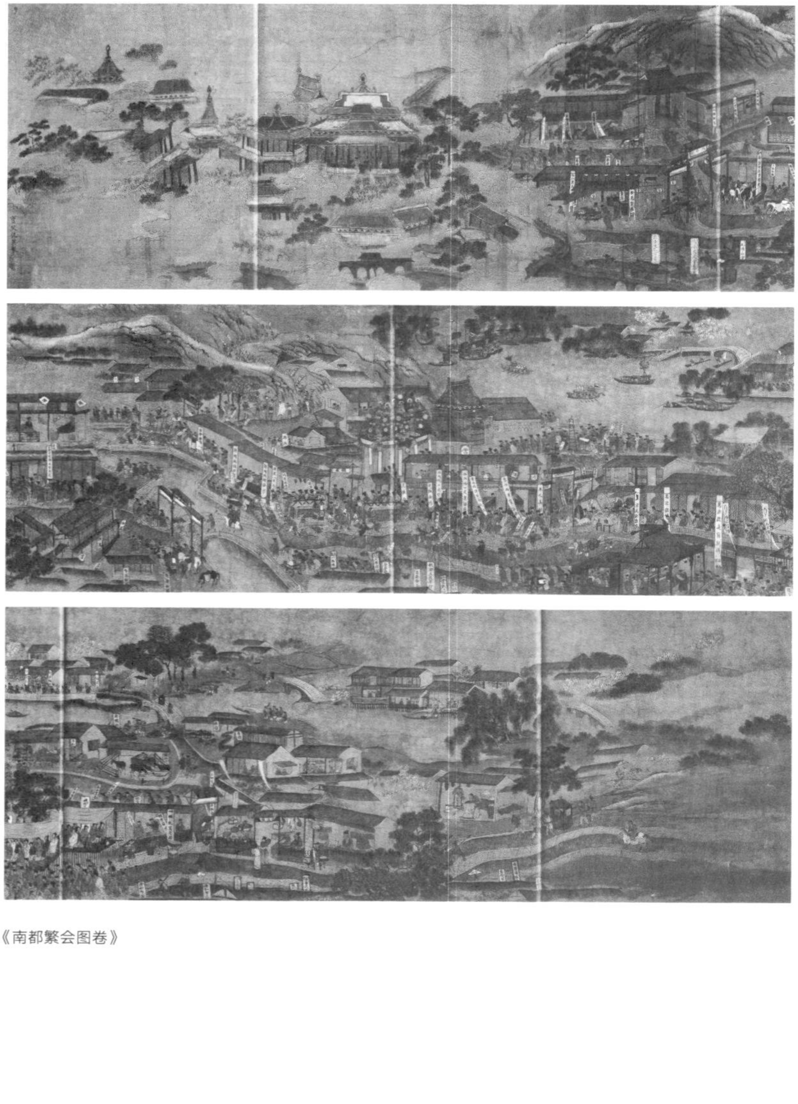

《南都繁会图卷》

“南都大门”，2013 年

2013 年 9 月 28 日，秦淮区“老门东”箍桶巷示范街区开街。该街区位于南京旧城的最南端（与“南都繁会石刻”只隔一道城墙），是旧城最有代表性的历史街区。[3] 经过历时四年的改造，街区从一片残破的旧宅区变身为一个古意盎然的传统商业风貌区。然而这并不是一个单纯的空间营造活动——类似的仿古商业街区在当下城市建设中比比皆是——而是一个标志性的社会事件。它意味着，喧嚣十年之久，举国关注的南京旧城改造运动（也称“老城南保卫战”）终于尘埃落定。盛大的开街仪式上，各路媒体云集，全城动容。《南都繁会图卷》再度现身。

这一次，图卷不是被凝固为城市雕塑，它升级为另一种图像-——符号。首先，图卷被高精度放大，绘制在街区入口牌楼的大门上，成为象征性的“门户”：开街仪式的第一步，就是市、区领导、市民代表在锣鼓喧天中合力推开这扇“南都大门”。其次，大尺度的标志之外，街区里的小纪念物（丝绸手帕、纸伞伞面）上也纷纷印上《南都繁会图卷》的局部图案。它们化整为零，经由市民（更多的是外来游客）之手，散布到四方。最后，在周边尚未完工的工地围墙上，“复兴南都繁会，再现老门东熙攘胜景”字样的房产广告招牌与画中图像连片铺开。空间的精神象征、可售的小装饰品、地产开发的宣

[3] 老门东，南京老城南地区的一个古地名。它位于老城最南端，北起长乐路，南抵明城墙，西临内秦淮河，东连江宁路，占地面积两万多平方米。

传主题，图卷的多重符号化无处不在。现在，整个老门东已为《南都繁会图卷》所覆盖。

七年之间，这张手卷两度出现且相隔咫尺。它从一个普通的景观雕塑的设计原型，一跃成为某片历史街区的主导符号，且为整个南京“旧城改造”定下调子——“复兴十朝南都繁会”。[4]

一

那么，是什么原因使得该图卷如此受到现实世界的青睐？毕竟，关于南京城市风物的古代手卷（统称“风俗画”），现留存下来的，除其之外，还有《上元灯彩图》《康熙南巡图》（卷十、十一）、《乾隆南巡图》（卷十）、《仿宋院本金陵图》等。它们基本都与城南相关，其中不乏名家巨构。在各个方面，《南都繁会图卷》都无特别的过人之处。

就艺术性来说，《康熙南巡图》由清代著名画家、“清初四王”之一的王翚领衔主绘，已是名副其实的国宝；《上元灯彩图》《乾隆南巡图》或细腻雅致，或格局工整；相比之下，《南都繁会图卷》的笔法最为粗糙，并不足观，其绢质也属低劣。按照一些研究者的推断，它的购买者只是坊间“小有余钱人士”，“售价恐怕不及一两，或许几钱即可”。[5] 就所绘的对象来说，《康熙南巡图》等宫廷图对城市结构的准确描摹，对建筑、街道、景观、人物的形貌还原，达到照片般的写实程度，其画幅规模更是《南都繁会图卷》无法相比（是其十倍）；《上元灯彩图》描绘的与《南都繁会图卷》同是明代中期南京上元灯节盛况，且细节饱满，一笔不苟；《南都繁会图卷》虽然建构宏大，但绘制过于潦草——无论建筑或人物马犬，都只粗有轮廓，近看类似小儿

[4] 参见 2013 年 10 月 11 日《现代快报》所刊《评南京“老门东”：复兴十朝南都繁会》。那段时间关于老门东示范街区的新闻报道，多以此句为大标题。

[5] 参见：王正华．过眼繁华：晚明城市图、城市观与文化消费的研究 // 李孝悌编著．中国的城市生活．北京：北京大学出版社，2013：73 - 74．

涂鸦。就历史价值来说，《上元灯彩图》在灯节道具上的精雕细琢，《乾隆南巡图》（江宁卷）对清帝大阅兵的全景描绘，《康熙南巡图》对清代南京城市的多重再现（社会、政治、经济），更使它们远远超出绘画的范畴。

就"当代性"来说，这些手卷也各有表现。《上元灯彩图》自 2007 年面世以来，多受关注，某艺术家以之为主题制作大型装置作品，参加了 2010 年第八届上海双年展。《康熙南巡图》（第十卷）在 2013 年作为南京江宁织造府博物馆开馆的重头戏，被隆重"复活"。它被转制成 4D 动画电影，在环形巨幕上放映。"寻访千年南京，走康熙南巡路"，是南京旅游路线的新设定。唯独《南都繁会图卷》，在这些文化投射之外，[6] 还能直接介入现实的空间建构，且介入力度在增强：2005 年，它只是环境的一个小小点缀（石雕），数年后，它升级为大规模城市空间转型的目标（老门东）。

可见，该画卷与"老门东"之间，存在着某种特殊联系。它在 2005 年和 2013 年的两次现身，并非仅只标示着两个独立的空间活动——它们划出的是"老门东"（也可说是城南）500 年空间史上的某一特殊段落。七年时间虽然短暂，但这是该空间的第一次彻底的结构转型。本文要考察的，就是该画卷在这一轮城市结构转型中的角色与作用，也即，它与"老城南保卫战"之间的关系——它是这一大型空间事件的见证者？参与者？或是肇始者、推动者？

二

门东，南京老城的最南端，明城墙与内秦淮河的相交处。自明代中期以来，这里就是南京商业及居住最发达的地区之一。直到清末，门东都维持着典型江南民居的风格。数百年来（到 20 世纪 80 年代），街巷与建筑的格局都没有什么变化。

[6] 近几年，各种文化活动中多有对《南都繁会图卷》的利用，比如在 2006 年上海大剧院上演的昆曲《1699・桃花扇》中，该图卷被作为主要背景。

南京门东卫星图片

90 年代以来，城南就像无数老城区一样，慢慢融入“市场化”的现实新需求之中。[7] 2000 年到 2001 年，门东曾经历了两轮“旧城改造规划设计方案”招标。中标方案中，门东 43 公顷的历史街区将被全部推平，建造一个由三种类型的住宅组成的商业住宅楼盘（包括几幢小高层）。[8]

2002 年开始启动的“十运会”[9]，使该计划搁浅。它所推行的旧城整治，是一项打着“文化牌”的庞大的符号系统建构计划（塑造南京的对外形象）。门东的空间定位突然转向：由普通的房产开发对象变为历史文化名城风貌区。

[7] 从 20 世纪 90 年代开始，门东开始出现在各类“保护规划”或“开发计划”中。在 1992 年编制的《南京历史文化名城保护规划》里，门东被确定为五片传统民居保护区之一；1993 年，“老城区改造”大规模推行；在 1998 年编制完成的《门东门西地区保护与更新综合规划研究》中，门东开始被探讨“开发”的可能性。实际上，十年来，门东的历史街区已被“缝里插针”的改造模式蚕食过半。

[8] 2000 年，受秦淮区委托，南京规划建设委员会组织“门东地区旧城改造规划设计方案”招标。2001 年，“门东地区改造工程”被当作年度“南京旧城改造一号工程”，继续方案投标。在全票通过的方案中，整个门东 43 公顷的历史街区将被彻底推平，换成一个商业住宅楼盘。如无意外，三至四年间，“全地区的旧城改造任务全部完成”。

[9] 2005 年召开的第十届全国运动会引发了南京自 1949 年以来最大的一波城市建设热潮。以此为节点，从 2002 年到 2004 年，南京城市开始全面的结构调整：旧城改造与新城建设同步进行，数以千计的大小项目接续动工。

这意味着，它暂时从“市场化”的“灭顶之灾”中幸存下来，成为城南最后几块较为完整的历史片区之一。并且，它与之前的单线的符号建构模式——以秦淮河为主轴，以名人轶事与历史典故为内容——有所不同。在前期准备（历史资料的整理）的过程中，《南都繁会图卷》被“意外发现”[10]，“南都繁会石刻”由此诞生。

2005年，“十运会”结束，另一个更大规模的城市建设计划——“十一五规划”紧随而至。门东开始发生天翻地覆的变化，迅速成为“老城南保卫战”最炙热的“战场”。

七年间，门东吸引着无数人的目光。一方面，各类调查研究[如2005年的“南京城南老城区历史街区调查研究（门东地块）”]、保护规划（如2006年的“南京门东‘南门老街’复兴规划”）、改造计划（如2009年的“危旧房改造”）纷至沓来，各种公示、全民讨论、听证会此起彼伏。另一方面，其间有两次大规模的拆迁活动成为“老城南保卫战”白热化的导火索。2007年，某地产公司拍下南门老街靠内秦淮河的5.9公顷地块，拟建高档别墅群。开发商要求净地出让，这致使2006年的有选择的“规划式拆除”，变成“地毯式摧毁”。随后两年，由于中央对城南保护的干预，拆迁趋缓。2009年，“危旧房改造”计划再起波澜，它把老城南剩余的几个历史街区全部列入拆迁计划，并且速度在加快，由原计划的两年压缩到一年完成。这一次“市场化运作”再次“惊动”中央。2009年8月，“危旧房改造”中止。

这两次“地毯式摧毁”是“老城南保卫战”发生转折的契机。2010年12月，新一轮保护规划出台，老城保护与更新终于走上法制轨道。[11]“老城南保卫战”艰难取胜，不过代价很是巨大——此时，门东地面上的旧建筑只剩下一个蒋百万故居。

[10] 实际上，在2004年前，《南都繁会图卷》一直寡为人知，除去极少几篇社会学、历史方面的简短研究论文（含几张粗陋的局部插图）之外，几乎无人关注。在2007年出版的《中国国家博物馆馆藏文物研究丛书：绘画卷 风俗画》中，此图卷的全貌才首次被清晰刊出。

[11] 2010年8月，江苏省人大批准《南京市历史文化名城保护条例》，南京古城必须以“整体保护”为准绳。2010年12月，《南京老城南历史城区保护规划与城市设计》出台，为“老城南保卫战”画上句号。

2013 年 9 月，“老门东”箍桶巷示范街区开街，门东遭拆除的民宅肌理被大部分恢复。开街仪式上，《南都繁会图卷》隆重登场。

三

此时画卷的出现，并非偶然。它是对该空间事件的性质认定——“复兴十朝南都繁会”。更重要的，它还是对这份扭转局势的最终方案的诠释——若干消失的事物在此回归。它们有些是在七年中被驱逐的“失败者”，几乎就此离开舞台；有些则是早已湮灭的历史故物，在这场风波中被意外地召唤回来。这些“回归者”都刻写在画卷上。

第一种回归者是空间的形态。一直到 2005 年，门东尚存大体的历史肌理与江南民居的空间形态。然而在七年中的数度拆迁之后，无论是街巷还是建筑，都被清除干净，即使是法律上受保护的建筑也难以幸免，还有几处明清文保建筑曾连遭人为纵火。

新的规划中，街巷尺度恢复到百年前的模样。尤其是箍桶巷主街，20 世纪 90 年代因交通需要拓宽至 30 米，现在按照古地图改回到 13 米。主街两边伸出的“非”字形的次级街巷，换回以前的街名，铲掉水泥路面，铺上青石板。重建的那些房子，也恢复到单双层、小尺度的旧有模式，且在形制上（屋顶、檐口、山墙、窗棂）比原状更有“艺术性”。重建中用到很多老的墙砖、木构件，有的是在城南拆建中被保留下来的，有的是从民间或外地收集而来的古建筑材料。它们被用心地融合进古街之中。蒋百万故居等几间较重要的历史建筑都原样修复。[12]

---

[12] 虽然改造后的老门东街区将比例、界面、细节都尽可能恢复到历史的层面，但回归的并非是古代的真实模样，而是某种古代想象。它是一次关于历史信息的专业重构，徽式民宅、苏式花园、本地风格杂处，类似于若干种传统建筑的小规模“会展”。其中还有一幢完整的二层徽派木构民宅，它是从某处整体搬迁过来，放置在东南处的巷子里，作为一个空间节点发生作用。现在的街区确实古意盎然，但却是符号化的“古意”——每一间房子，每一个细部，都指向某种特定的风格、工法。老门东的旧日味道，其平凡本质，以及独特且唯一的空间组合模式都已复不存在。

第二种回归者是空间的使用方式。明代中期开始，门东就是“文人集聚，商贾云集之地”。[13] 清初之后，南京城一分为二，城东北为清兵驻军，西南为市民居住，城南的密度被进一步压缩，但是商业、居住混杂的传统没有变化。清末之后，城南的商业功能逐渐减弱，基本全为居住。到了 2005 年，门东的老街区还保存有一半左右，都为普通民宅。2006 年的“‘南门老街’复兴规划”曾拟将门东打造为一个全开放的“民俗博物馆”，一个综合性的“商业旅游休闲区”；这是对场地的历史回溯。2007 年，这一规划被弃置，又进入本被禁止的房产开发模式。2010 年的最后一轮规划，使门东重新回到 2006 年的“‘南门老街’复兴规划”的公共路线，且民俗色彩更为强烈：不光是南京本地的民俗品牌大量进驻，外地的品牌（德云社）、国外的品牌（星巴克）等也蜂拥而至（“商贾云集”）。另外，几间旧厂房现在改建成金陵书画社、美术馆，也很应和“文人集聚”的古意。

《南都繁会图卷》中，门东就在赛龙舟的外秦淮河的北侧。虽然笔触模糊，但也大致看得出来，沿街店铺林立，游人如织。其中有几个“东西两洋货物俱全”“京式靴鞋店”的大幅招牌很是显眼，颇有现在德云社与星巴克比邻而居的味道。

第三个，也是最重要的回归者，是空间的角色。明初永乐迁都之后，城南所代表的市井生活，就与国家权力机制之间形成了一种微妙的消解关系。在《南都繁会图卷》中，这一“消解”关系是其核心——它既作为内在结构来组织图像，又表明了城市的主角为谁。“南都大门”昭示的，正是这一“角色”的回归。前两个回归者，只是其物质外壳与形式载体。

图卷中，那些权力元素都被有意无意地淡化。象征着权力中心的皇城被置于卷末，它并无什么威严气势，宫阙楼宇为云雾所缭绕，似真似幻，颇似一个尘世之外的仙境。重要的“地标”外城墙消失了（而通常在城市风俗画

[13] 南京市地方志编纂委员会．南京城市规划志（下）．南京：江苏人民出版社，2008：442．

中，城墙一般会强有力地出现在画幅两端），宫城城墙只余几个模糊片段——尺度被缩小，与附近的民宅差不多。府衙被挪到山脚下，仿佛一座香火冷清的庙宇。这与招牌满目、人头攒动的“街市”形成强烈对比。很明显地，城市的政治性（权力结构）在画中已被日常性（世俗生活）所吞没。这很写实。明代中期之后的南京即为“留都”，政治地位逐步下降。皇城并不具有权力职能，它在城市中心，但如同虚设。城中虽设有六部等机构，但官员都不掌握实权，大多“不复事事，即贤者亦多无可述”。[14] 所以，画中诸多政务机构都不见踪迹，唯一的一座府衙，也是门前寥落，差役懒散，毫无官家风范。

此消彼长，市井生活变得活跃起来。明初的大移民，使得城南这一空间区域迅速为世俗生活所填充。数百年来，它自然繁衍，形成了某种“场所精神”。正是它，产生着对权力机制的“消解”作用。在《南都繁会图卷》中，该作用清晰可见。这一点，也延续到清代的两张官方订制的宫廷图中。

《康熙南巡图》（第十卷）描绘的也是南京城。它以康熙南巡的路线为主轴，城南仍是主要部分，占据了全画的四分之一。前朝的皇家印记（皇城）遭清除，旧王府被挤到画幅边缘，像一片废墟。即便是新朝的权力机构，如布政司署、江宁织造署等，虽然都在巡游路线附近，但都没有出现在画中。[15] 唯一的权力元素在卷末。“校场演武”一节替代了皇城，以浩大场面的武力震慑着作为画卷主体的市民生活。这是一种新的“平衡”模式，颇有时代特点。清初的南京是一个政治敏感之地（前朝的“留都”），但在城北全部划给驻军、皇城被拆解殆尽之后，城南还保持着隐秘的活力。这里不仅有市井生活、产业贸易，还是革命者的据点——反清复明势力的大本营。以政治安抚为目的的《康熙南巡图》，能够轻易地删除新旧两朝的权力表征（官用建筑）以示亲和，但仍对看似平静的日常生活背后的“隐秘活力”大有忌惮。城南的“场所精神”依然如故。

[14] 范金民等．南京通史·明代卷．南京：南京出版社，2012：258．

[15] 在《康熙南巡图》的其他卷中，但凡城市内容，都有若干“政府机构”在其中占据大幅空间。

数十年后的《乾隆南巡图》中，南京卷只剩下“江宁阅兵”的场景。画中，“校场演武”一节被细致地重绘一遍，城区部分则全部砍掉。这更显出缺席之物的强烈存在感。[16]

1949年之后，这一“存在感”逐渐减弱。经过几番城市结构调整，城南不再具有“平衡”权力的作用。现在，它的空间角色回到最初时那样，只是城市里的一片普通居民区。

所以，《南都繁会图卷》在2004年被“意外发现”、“南都繁会石刻”应运而生是一个信号。它标志着开始于20世纪90年代末的那个以秦淮河为主线，以名人轶事、历史典故为内容的（“大文化”）符号系统发生了巨大变化，一直遭忽视的“日常性”正式进入其中，成为新元素。[17]

但是，日常性如同双刃剑。一方面，它的丰富细节为符号系统的扩充、重构提供了大量原材料，并以世俗的快乐提高了大众对该系统的共鸣程度；另一方面，它却对原有的符号系统有着潜在的破坏作用。[18]而其最大的破坏性在于，它的出现（《南都繁会图卷》的“石刻”化），将地表之下沉睡已久的“历史角色”唤醒。也即，随着“石刻”回归现实的不只是历史图像，还有蕴含在画中的“场所精神”。它对权力的本能反感，以及对符号化的抗拒，都一并被激起，其强有力的平衡、消解、对抗能力随之进入城南风波。实际上，这场风波原本只是“大他者”（借用一个精神分析的概念，即现实的符号秩序）

---

[16] 这使南京的“江宁校场”卷在整套《乾隆南巡图》中显得非常怪异，因为其他卷中都是按照《康熙南巡图》的常规模式来布局描绘——山水，城市，事件。这或许是因为乾隆在第二次南巡后一年，即在南京成立专事禁书的“江南书局”，大兴文字狱，江浙一带的知识分子以及普通民众受荼毒甚深。文字狱祸事牵连极大，两江总督等高级官员多有连坐获罪，此时的南京城气氛相当紧张。

[17] 新的“秦淮八景”大多出自历史典故，如“牧童遥指”“赏心亭”之类。“南都繁会石刻”是一个异类，唯有它以平凡的市井生活为主题。

[18] “日常性”的符号转向（传奇化、神秘化、文艺化）总是不可能完全实现。实际上，日常生活与文化图景一直相互平行。某些无法符号化的东西，比如日常生活中的低俗之物、直接体验方式、非幻想品质，虽然被一并吸纳进符号系统，但它们与之前的符号成分（“乌衣巷”“秦淮八艳”之类的怀古情调）并不那么协调，甚至还有所冲突。对于符号系统所需达成的最终目的（即营造一个完美的想象空间）来说，这些异质之物无疑是一种隐患：它们使得符号系统不够纯粹，甚至还消解了符号系统与主体之间的距离，而这种距离正是“想象空间”存在的基础。

的一次内部纠纷——“文化牌”与“市场化”之间的冲突而已。正如我们所见，如果不是“十运会”的突然介入，2001 年的“南京旧城改造一号工程”早已使“老门东”消失得无声无息。

“老城南保卫战”就缘于此。一幅古画的发现，带来一位不速之客(空间的历史角色)。它偶然间闯入“大他者”的领地，扰乱了各方力量关系。它将一场权力间的“内部纠纷”推向公众与媒体，使之成为一个公共事件。在资本强大的运作能力之下(它若干次试图将纷争拉回到“大他者”内部纠纷的轨道，且近乎成功)，它还能不断扩大事件的边界，升级其性质：“城南保卫战”不仅是“文化保卫战”、“历史保卫战”、“空间保卫战”，甚至还成为“人性保卫战”。[19] 七年间，画中“场所精神”逐步显现出作用力，微妙地推动着事态的发展，转换其方向。正是它，挽救了一场“注定失败的战争”。

四

三种回归者(空间的形态、使用方式、历史角色)已然落地。《南都繁会图卷》的“当代性”也得到证明。正如我们所见,在 2013 年箍桶巷开街仪式上，图卷以凯旋姿态被全方位地展示出来。但是，“回归”其实并不彻底。

这片本属全体市民共享的空间里存在着一处异样之地——内外秦淮河间的一块黄金地带，面积是整个门东的四分之一。2007 年，雅居乐地产集团将之拍下，开发高档别墅区，拟建 200 多套。一同划归私人所有的还有内秦

[19] 城南的原住民(被拆迁者)本来一直处于沉默状态，并无多少人关注。2006 年以来，他们的处境被各个媒体大量报道，成为城南风波的主要焦点之一，亦是事件诸般转折的决定性因素。在 2010 年 12 月发布的具有法律意义的保护规划《南京老城南历史城区保护规划与城市设计》中，保护原住民、鼓励回迁居住、停止任何方式的“外迁安置”“动迁”行为等条目被明确列入。

[20] 2014 年 10 月，雅居乐地产(香港上市公司)卷入某贪腐案，董事会主席“被控制”。2014 年初，南京市溧水县拟在某度假区内划出 18.6 公顷土地，耗资 13 亿元，“再现明代画作《南都繁会图卷》的景致，打造以明文化为主体的‘大明城’”，使之“成为外地游客及南京人寻找记忆、触摸南京历史脉络的怀旧之地。”可见，图像还在以多种方式回归，《南都繁会图卷》的“当代性”表现远未结束。

淮河沿河一带——它本是“秦淮风光带”史上最著名的公共空间“河房区”。虽然2010年的保护规划明确规定停止此类行为，但是雅居乐项目令人意外地未受影响，它在2013年与箍桶巷开街仪式一同“开盘”。从空间的公共性角度来说，这无疑是一个“刺点”。

不彻底的回归，意味着城南之事尚未终结。虽然“保卫战”暂告落幕，但是空间的新旅程才刚开始。到目前为止，最重要的回归者（图卷中的场所精神）只能说初显头角，使“老城南保卫战”局部成功。在“老门东”历史街区的后续使用过程中（它在很多方面都还需我们密切关注），它还会带来什么新的觉醒之物？它们将以什么方式进一步“回归”现实？将会对这一空间以及更大范围的区域产生什么新作用？这些都还是未知之数。回归，还在继续。[20]

《南京老城南历史城区保护规划与城市设计》，2010 年 12 月

老门东街巷，2013 年

老门东，2013 年

《南都繁会图卷》与《康熙南巡图》(卷十)

城池入画

自明代建城以来，南京（金陵）开始大规模出现在画卷之中。城池入画，大体有两种类型。一则偏重诗意风景，多以“胜景图”“揽胜图”“纪游册”为名，数量浩繁，动辄数十页的套册。其中不乏文徵明文伯仁叔侄、石涛、龚贤等名家之作。数百年下来，该系列已形成一个庞大的图像系统，甚至成为城市的符号象征，广为流传，深入人心。[1] 另一类型为“风俗画”，它们多为长幅手卷，描绘的是城市的物质形态与市民生活。

[1] 以“金陵胜景”为主题的文人画最早见于明代画家文徵明游金陵后所作的《金陵十景册》，但画已失佚，十景名称及面貌均无法查找。现存最早的“胜景图”为福建惠安黄克晦所作的《金陵八景图》，明朝其他“金陵胜景图”还有文伯仁的《金陵十八景》，郭存仁的《金陵八景图》，朱之蕃著、陆寿柏绘的《金陵图咏》（共绘 40 景）。清朝时期此类画作更为繁多，有明朝遗民石涛的《金陵十景图》，胡玉昆分别于 1660 年和 1686 年绘制的两册《金陵胜景图》（每册各绘有 12 景），“金陵八家”之一的高岑为《江宁府志》所绘的《金陵四十景图》，樊沂所绘的《金陵五景图》，王蓍的《金陵十景图》。这些“胜景图”在晚清与民国被转制成木版画，广为流传。

这类手卷数量极少，现存不到十幅。其名声远不如“胜景图”：或佚名隐于民间（简称“民俗画”），或以集体创作的形式藏于大内（简称“宫廷图”）。在画史上，它们的地位也远逊于前者：或笔法欠佳难为文人雅士看重，或被诟病为政治工具，仅取宠于帝王皇家。但是，对于城市空间的描摹再现，这些手卷却别有所长。画面的超大容量（理论上是无限的）、写实手法、对象不分贵贱一视同仁，使得它们与城市的多元复合的特征正相契合。

这些手卷中较为知名的有《南都繁会图卷》《上元灯彩图》《康熙南巡图》（卷十、十一）、《乾隆南巡图》（卷十）、《仿宋院本金陵图》。[2] 它们面貌各异，有的囊括了城市全景，有的只取其一节（一条街道），有的线性贯穿全城，有的重在场景的氛围；但是，它们都对空间、人群、事件、风俗景物等一系列元素进行再现。手卷的绘制时间集中在明代中后期与清代中前期，这也正是南京的城市形态相对稳定、经济较为富庶的两个时期。总体来看，明代多为民俗画，清代多为宫廷图。类型的分野亦有历史的必然性。总的来说，它们都是对现实的记录与保存，且互有补充。尤其是清末民国以来，南京城灾难频频，延续数百年的城市风貌消亡殆尽。时至今日，要想回顾古代南京的真实模样，这些写实长卷已成唯一的通道。相比之下，耽于个人情怀及山水之想的“胜景图”就略显不足了。

本文选取民俗画与宫廷图各一，以图证史，对明清南京城市空间——尤其是两画的主体“城南”区域——做简略解读。近几年来，这些稀见手卷逐渐出现在世人面前——或走出博物馆的仓库，印刷成册；或制成4D电子视频，公开展示；或神秘现身于海外拍卖行，以天价交易。[3] 古时的南京向我们露出真容。感知过去，回到那个繁华的“南都”，已非梦中遥想或少数人的

[2] 中国古代描绘城市风物的长卷绘画一般被归于“风俗画”类。它产生于五代，在两宋时兴盛。现存较为知名的有《清明上河图》《皇都积胜图》《上元灯彩图》《康熙南巡图》《乾隆南巡图》《姑苏繁华图》《仿宋院本金陵图》等。《仿宋院本金陵图》是由清代宫廷画家杨大章绘制，再现宋代金陵（南京）社会生活的风俗画卷。据《石渠宝笈续编》记载，宋代画院佚名画作《宋院本金陵图》“纵八寸（约26.66厘米），横三丈五寸（约1016.56厘米）”，是一幅细腻描绘当时金陵“山川城市、楼阁村居、旅贩执行”等情景的绢本设色画卷。可惜该卷已经遗失。

[3] 2007年美国奥勒冈大学与奥大美术馆举办“中国近代私密生活面面观：物品、影像与文本”研讨会，《上元灯彩图》首次公开展出。随后，中央电视台《国宝档案》节目将此画做成专题播出。2014年3月，《康熙南巡图》第6卷的两幅残片在法国某拍卖行现身，均拍得天价。

专利了。更为重要的是，随着这些手卷的"现身"，现代南京也发生着微妙的变化。它们所携带的历史图像，参与到现实世界的建构(艺术活动、旅游经济、旧城更新与改造[4])之中，成为当下城市生活的内容。过去进入当下，画卷的意义随之改变。这意味着，对画面空间的解读，除了还原历史之外，又多出了一个维度——它还是关于其"现实性"诠释工作的一部分。

民俗《南都繁会图卷》

《南都繁会图卷》，现存最早关于明代南京城的风俗画，绘者不详，现藏于中国国家博物馆。[5]画中共绘有群山一组，河流两支，道路五条(一条主干道、四条支路)，大小船舶十九只，各色人物一千有余，建筑三十余座(不包括只绘屋顶的局部)。街市作为画卷的主体被置于前景，山水作为衬托置于中部后侧与左右两端。三米多长的画卷中，山水、街道、屋舍层叠交织，疏密有致。

画卷从右侧的市郊开始，苍松碧石，小桥流水，树丛中粉白色的繁花点缀，远处一个农人正在耕地施肥，一幅早春时节的江南景象。近处，一条宽阔整齐的石板道迤逦而来，路旁挂着各种"茶社"幡牌。道上四名轿夫抬着一名官员，一名青年骑着白马随侍近旁。跟着这些人的步伐，我们便进入"南都"。

道路两旁逐渐出现各式各样的店面。米行的两个伙计忙着筛米和捣米，衣行的店铺门前挂着不同颜色和样式的服饰。沿着街市，道路开始向两侧分岔。一端通向了驴行、羊行、猪行、牛行、鸡鸭行等售卖牲畜、家禽的市场。附近屋里隐约可见几名妇女在织机上织布。不远处一条河曲折绕行，河对岸一群人在观赏舞龙，敲锣击鼓，似乎热闹的声音也传了过来。道路的另

[4] 《上元灯彩图》曾被某艺术家借用为主题制作成大型装置作品，参加2010年第八届上海双年展。2013年，《康熙南巡图》(卷十)为江宁织造衙署博物馆开馆活动做公开展示；它还被制作成4D动画电影全景重现，"寻访千年南京，走康熙南巡路"，成为南京旅游路线的新设定。2006年，在上海大剧院上演的昆曲《1699·桃花扇》中，《南都繁会图卷》被用作主要背景。

[5] 该画卷卷首署"明人画南都繁会景物图卷"，高44厘米，长350厘米，绢本设色。虽然托名仇英，但笔法粗糙，显然不实。见：吕树芝．明人绘《南都繁会图卷》(部分)．历史教学，1985(08)：64．

《南都繁会图卷》

《南都繁会图卷》局部：府衙

《南都繁会图卷》局部：官员下马

一端，人群聚集，摩肩接踵。男人们挤在街中，妇人与孩童端坐于临时搭建的二层高的看台上，两旁店铺的二层檐廊上也满是探头张望的人群——这里正在上演一出精彩的戏剧。穿过戏台，就是人流涌动的闹市，节日气氛在此达到顶峰。一支游行队伍踩着高跷、舞着狮子前行，不仅道路两侧的游人们看得津津有味，酒楼里的食客也被吸引而扭过头来。穿过"南市街"牌坊，我们来到一座庙宇前的广场。宽阔的广场中央，一队演员表演着各种杂要。河岸边，一群人观看着河上的龙舟比赛。庙宇门口是上元节特有的"鳌山"[6]，其上花团锦簇，各式仙人腾云驾雾，几座佛像端坐于山顶。人们纷纷穿过鳌山，进入庙宇拜佛行礼，祈求平安。

走过庙会，沿着石板道，表演杂要的队伍在河流处转弯，穿过沿河的街道，将游行队伍引向山上。过了河，这里依旧聚集着酒楼、相馆、枣庄等各种商铺。街道的尽头是"北市街"牌坊。穿过牌坊，正对一座官府大门，弓箭与枪分列两侧，两座石狮端坐门前，大门虚掩而行人渐少。官衙旁边是一座高大的门楼，门楼前的石碑上写着"大小文武官员下马"，三两官员在此列队等待。这里便是南京城的中心——皇城。遥望门楼内部，隐约可见错落屋檐与苍松翠柏。前方是一座雄伟的宫殿，红墙碧瓦，但大门紧闭，门前有几名侍者分列左右。至此，画卷在一片云雾缭绕中结束。

[6] 鳌山是上元节灯景的一种：将彩灯堆叠成一座山，外形酷似传说中的"巨鳌"，因而得名。

《南都繁会图卷》上有一双流动的眼睛。由市郊的田园风光起始，经过热闹的街市，至官府、皇宫结束。然而，这幅画并没有将时间凝固于一个场景（比如同时期的《上元灯彩图》的一段街道）；相反，它在二维的画卷上，对时间与空间进行了重组。

画中汇聚了多个特定的时间点。卷首出现的“繁花”与“耕种”场景暗示了此时应是早春时节；画面主体是一年中最为隆重的节日上元节（农历正月十五，即元宵节），踩高跷、舞狮、舞龙及庙宇前无数彩灯扎结而成的鳌山，都与之相关；画面的边角处还有赛龙舟与登高等场景，而这两项分别是端午节（农历五月初五）与重阳节（农历九月初九）特有的节庆活动。画卷展开，时间被拉伸，一年中最热闹的节庆“点”分布在画上，成为图像组织的内在结构。这是一个共时性的结构。

相应地，画中的空间结构也具有共时性。画幅的总体结构与现实状况基本吻合。明初，作为国都的南京经历了一次规模空前的城市规划，都城之内被划分出三大功能区：南部为历代经营的居住生活区，东部为皇城衙署区，城西北部为军防驻地。画中野—市—朝的空间顺序由城西南（外郊）起始，经过城南（闹市区），最终到达城东北（皇城区）。西南—东北走向在画卷中“南市街”“北市街”两个牌坊的位置上得到了验证。[7]

空间的第一组结构是由商铺与官道[8]合成的街市。彼时的南京城内有五条主要官道，均“可容九轨”。明朝中期，南京商业贸易受迁都影响经历了短

[7] 明朝的南京都城并没有“北市街”与“南市街”两座牌坊或街道名称的记载，只有南市、北市，是明初十六歌楼中之二。现实中这两处确实存有牌坊，应该如图所示位于秦淮河的南北两端。

[8] 明朝初期的市场由于官府的规划，不同货物各有区肆。几处铺户集中的市场则称为官廊，官廊两侧覆以屋顶形成连廊，其道路由官府组织以石板铺筑，称为“官道”。见：陈志平．明代南京城市商业贸易的发展．南京师大学报（社会科学版）．1986（04）：39．

《南都繁会图卷》局部：东西两洋百货

暂的萧条，但其后迅速恢复并在明末达到鼎盛，此时的商铺不再分散，而是集中在几个规模较大的市场，其中最繁荣的就是“菓子行”。图卷中，从一条宽阔官道开始，由市郊的米行、衣行，经过闹市的酒楼、牲畜行，至官道末端的浴堂、相馆，幡牌幌子有109种之多。[9]

水道与远山是另一组结构。明代南京水道众多。画卷中一条较窄的河流横穿闹市，河面上并无船只来往，它应该是穿行于城内的小尺度水道。另一条较宽阔的河由市郊起始，经牲畜行与闹市庙宇后再流向远方，河上各种船只来往繁忙。从其规模来看，它应是水运航道（内秦淮河）。至于画卷中的山，作者没有按照通行模式放在画卷的两端。它被叠压在中部的集市正后方，在本已紧张的画幅上还占用了不少位置。画卷中一行游行队伍走过闹市，沿着山路蜿蜒而上，表明它的身份——雨花台。

[9] 明正德《江宁府志》记载南京的商业铺行有104种，《南都繁会图卷》中基本收罗完全。

但是，画家对城市肌理并不在意。图卷只描绘了街道与沿街商铺，略去了实为城市空间主体的住宅房舍。尽管在视角上类似于俯瞰，但它并不是真正意义上的鸟瞰图。散点透视打开的是一幅城市的漫游图。街道两侧的建筑均以正立面展示在我们面前，并不遵循近大远小的透视规律。画卷上，随着视点移动，空间与时间开始运行，城市景象与“市民”的日常生活一并托出。

相比之下，日常生活更为重要。画家的情绪，就像视点般均匀散开，进入画中。他与画中人一起，分享着平凡生活的简单快乐。这是一张平民的快感地图。

官制《康熙南巡图》

百年将过，朝代更迭，“南都”已成江宁府。南京城再度进入绵绵长卷之中。这次，它不是消遣娱乐的风俗画，而是专供皇家御览的官方订制巡游图。《康熙南巡图》由“清初四王”之一的王翚领衔主绘，共十二卷，规模浩大，史无前例。其中第十、十一卷描绘的是南京部分，现藏于北京故宫博物院，两卷累积近 50 米。尤其是第十卷，精确描绘了康熙皇帝第二次南巡在南京城的全过程，其容量几乎是《南都繁会图卷》的 10 倍，画风工整细密，宛如一张全景照片。

画卷起始，是康熙从容出城的城门。经过一段颇长的乡野风光，才到南京城。连绵的城墙与高大的城楼显出皇帝入城的恢弘气势，同时标识了通济门这一空间节点。巡游队伍穿过城门，狭窄的街道上架起了迎接帝驾的彩色顶棚，街道两侧的房屋排布互相交错，隐约可见当时城南的紧密肌理。行至秦淮，河流上船只往来，一座石砌拱桥连接起两岸。河岸一侧是热闹的街市，沿河的一排房屋紧邻河边，店铺面向稍显宽敞的街道，后侧是民居，几座宽敞的花园显示了这一带可能是富户人家。河岸对面是大门紧闭的文庙（即夫子庙）与贡院，文庙大门后的大殿与贡院的隔间清晰可见。沿着一条斜向的店铺街（织锦三坊）就来到热闹的三山街街市，两条甚为宽阔的道路纵横相交，行人络绎不绝。道路中央矗立着一座极尽装饰的宫殿式建筑，应是为迎接皇帝而临时搭建。

从十字街口往北，是著名的南唐古道中华路的前段，到内桥为止。桥为三拱，尺度颇大。从明清的南京城市空间划分来看，内桥是一个转折点，再往北就脱离城南区域，进入非居住性的公共地带。画中这一点并不明显，路向北延续，一直到通贤桥。从三山街的十字路口到这里，路东侧宅院的描绘很细致，尤其是内桥与通贤桥之间的一个相当复杂的建筑群：沿街是一圈店铺，后面进深部分是居住的小院子，它们内向围起一个大型院落，里面门户众多，路径曲折，颇似迷宫；靠通贤桥一边另有独立入口，门内是一个大花池，池边有仙鹤两只，后宅有几座二层的楼阁，院子里有人在演习射箭。这应该是某位地位不凡的官家私邸。[10]

过了通贤桥，路东边也是一个大院宅，规模只比前面那个迷宫般的宅院稍小一点。女眷小孩悠然其中，一派幸福恬静的景象。院宅北边即是康熙此行的高潮——校场演武。场面浩大，人马欢腾，占据了全画幅的八分之一。康熙本人出现在北侧的高台中间。校场之后是几个城内的自然风景点：鸡鸣山、观星阁；那是康熙的后续巡游项目。卷末以玄武湖及三两扁舟收尾。

帝王的眼神

这幅横向25米的超长手卷，是对某次重大政治事件的记录。它也是一个时空综合体，时间很确定，即康熙停留南京的五天；空间也很具体，即康熙巡游时所见的景象；两者完全对应。与《南都繁会图卷》漫游式的平民视点截然不同，此画面由一条真实的单线(康熙贯穿南京的路线)串联起各个城市片段。一路上，城门、十字街口、桥、重要的街道路段，以及阅兵、观星、游湖等活动顺次安排。可以想象，康熙在画卷展开时，唤起的是自己的记忆。

[10] 按空间位置来看，这里应该是明初大将邓愈的府邸。但是院落格局与前端的大花池，却与江宁织造署的平面极其接近。江宁织造署在内桥以南的中华路的西侧，其实相距并不远，只是内院的家具布置、内眷小孩的行为却似普通富豪人家。这应该是画家拼接转换处理的结果。

《康熙南巡图》（卷十）

《康熙南巡图》画卷中的路线复原图（近似）

这条路线显然经过精心设计。从东南侧的通济门进城，一则可以避开前朝味道浓重的“正门”中华门，二则可以就近过秦淮河到文庙、贡院，后两者是康熙此番重点勘察的场所。沿河折回三山街，再进入中华路，正好穿过城南最富庶的居住区，抵达彼时南京的商业中心。从三山街开始，过内桥、通贤桥，直至校场。这一段路线笔直通畅，尽显帝驾行列的浩荡威风。之后的登山观星、下湖畅游，就是风雅余兴，以调和前面行程的庄严与喧闹。这是一个政治与趣味兼顾的路线设定。从城市空间来看，三座桥是画面的关键。它们界定了繁华的主体段落——前端是城墙内侧的普通民居区，后端是城北丰富的自然资源。它们还对城市中段做了划分，纵向道路增加了空间维度，并使屋舍描绘有所区别。另外，桥的存在还带出水系的重要性。南京城内河道繁多，河岸风光从来都是焦点。三座桥附近的房屋、船只、人物等细节丰富。并且，只有秦淮河才有宽阔的沿河商业街，其特殊性一目了然。

建筑的描绘也是一笔不苟。王翚等御前画家采用的是接近于三维轴测的界画图绘方式。首先，文庙、贡院、河流、拱桥、街市的位置与现实完全吻合；其次，建筑都以院落为单元来组织。在《南都繁会图卷》中，建筑个体只是抽象的空间节点，它并不涉及真实再现的问题，建筑之间只有示意性的关系，配合画幅布局随机调整。与之相反，《康熙南巡图》的视角是固定且科学化的。街道之外，沿街店铺后部的院落也有充分着墨——可见当时城南常见的居住、作坊、商铺三合一模式。尤其是三座桥东侧的几座巨大宅院，空间层次和建筑细节(屋顶瓦垅、门窗家具、栏杆花饰)极尽详细，点缀其中的人物、家畜、花木数目众多，却无丝毫雷同。画家特地调高视点(比其他卷的视点都略高)，弱化纵向透视，使院宅的空间格局与细部一览无余。

空间大全景、真实的结构、精工的制作、浩繁的细节，似乎整个南京城都浓缩在画中，活生生地再现于眼前，观画快感瞬间产生。不过，这是权力的快感，因为它的享受者只有一人——康熙。画中世界，是谨慎控制的结果，现实中不宜入皇帝之眼的内容都被剔除，以达成一幅完美的“盛世胜景”。

画里与画外

无论是“快感地图”，还是“盛世胜景”，其物质对象（城市）其实并无多少差别。明末清初，南京开门迎降，未遭兵刀火劫，尤其是画中的重点城南区域，大小建筑基本都得以保全延续。但是两个画面空间却迥然不同。究其原因，不仅是画的性质有别（民俗画 / 巡游图），更重要的是，城市的性质发生了重大改变。明末的南京是一个平稳发展了200余年的国际商贸中心，到了清初则成了政治敏感之地。它仍是南方的经济文化重镇，但也是前朝的“留都”，反清复明势力的大本营。这一转变投射到画上。正如我们所见，前者鱼龙混杂却生气勃勃，后者整洁有序之下仍显隐忧。

两者都是现实的投射，且对空间的再现互有印证与补充。《南都繁会图卷》省略掉的民宅街巷、府邸庭院，含糊了事的道路关系、建筑构造，在《康熙南巡图》中都有准确的澄清。而且，后者隐蔽地参考了前者——比如，两张图里都有三拱的内桥，桥身、栏杆、桥前的牌坊，形式几乎一样；甚至桥上都有一匹白马，以及一名随从举着伞盖。只不过在前幅画中马上有一官员，后幅画则将官员隐掉，留下一块怪异的空白。反过来，在城市的整体气息上，民俗画更接近现实，而宫廷图里康熙眼中齐整的居民区是意识形态“净化”与重新组合的结果。实际情况是，清初以来，南京城一分为二，城东北为清兵驻军，西南为市民居住。城南居民区的密度被进一步压缩，原本就拥挤的街巷更显混乱。这与《南都繁会图卷》倒颇为近似。

两张图卷并在一起，可以看到更为清晰的南京。并且，两者共有的一个深层结构也浮现出来，即市民的日常生活对国家权力机制的平衡与抑制。《南都繁会图卷》中，市井生活占据画幅的主体，皇城置于卷末。一个熙熙攘攘，一个虚无缥缈。它们仿佛分属两个独立世界，互不干扰，各得其乐（现实中也是如此[11]）。划分空间等级的界限（城墙之类），都被模糊处理。外城墙不见踪影—— 一般来说，这类风俗画长卷中，城墙（城门）都会作为空间的

[11] 永乐北迁之后，南京的皇宫就在不断衰败。即使是遭遇火灾，也明令不得修葺。

《康熙南巡图》（卷十）局部：旧王府

《康熙南巡图》（卷十）局部：三山街口

重要节点出现在首尾两端，比如《清明上河图》《仿宋院本金陵图》。尤其对于已成“象征”的南京城墙，将其省略显然有其意图。宫城城墙断断续续，类似民宅墙垣，附近的树都比之高出许多。府衙的位置很不起眼，朱红大门两侧被各色小商铺包围。一个差役坐在门口的条凳上打着瞌睡。图卷中，那些权力要素要么被降格到普罗大众层面，全无威严感；要么被升格为某种超然的存在，如同仙山楼阁。城市为市井生活的气氛所充斥，“平民快感”是画面的主色调。

在《康熙南巡图》中，这一“抑制”关系延续下来，并且变得更为隐蔽。一方面，前朝的权力符号或被清除——比如皇城，它在画中毫无着墨，而在画外，清军入关后它即用作八旗屯兵驻防之所，连琉璃瓦、藻井、丹陛这些建筑构件都被拆解，运往别处；或被排挤到边缘——比如三山街上的旧王府，画中它只剩一个空荡荡的门楼，内里是片荒凉的菜地，现实中旧王府连墙壁的砖块都被官吏居民取走，到嘉靖年间，“遗迹荡然矣”。并且，新朝的权力符号也没放在画中。按道理，内桥以南一带，沿中华路两侧颇多新设的政府机构，比如布政司署、江宁织造署等，但它们都被略去。这固然是康熙有意为之：回避权力机构对市井生活的干预，创造出虚幻的“盛世胜景”。另一方面，在画卷后半段，几乎占据整幅画卷四分之一的是一个浩大的校场演武的场面：康熙坐在高台上，纵览军马欢腾的校场，其目的显然是以此震慑市井生活中的不安定活力。

两张画卷的城市空间属性（日常性、世俗生活）前后相一致。它们都与国家权力机制无法兼容：一则是各有天地，互不干扰；一则是表面相安无事，暗地剑拔弩张。实际上，这一空间属性从明初大移民就已经开始酝酿。随后的两百年里，密集、稳定的世俗生活沉积在这一片空间场域（城南）里，繁衍发展，甚至形成某种“场所精神”。从两张画卷看得出来，朝代更迭，空间属性却依然如故，尤其在被触碰的时候，它的自我存在意识会显露出来——在“帝王眼神”的威凌之下，“平民快感”依然活跃在画外，并且透出某种抵抗之意。

《康熙南巡图》之校场

晚清城南评事街

尾声：画入城池

2005年，秦淮河岸的防洪墙上竖立起一道2.4米高、80多米长的青白大理石影壁。壁上，《南都繁会图卷》里的场景连续排开，蔚为壮观。这是南京市政府斥30亿元巨资打造"外秦淮河文化风景景观"计划的一部分，也是"新秦淮八景"之一——"南都繁会石刻"。2013年9月28日，秦淮区老门东箍桶巷示范街区轰轰烈烈地开街，这是该年度南京最有标志性的城市建设事件，是南京旧城改造运动的一项重大成果。《南都繁会图卷》在这里再次现身。它被放大、绘制在入口牌楼的大门上，成为这一街区的“门户”。街区商铺里的小纪念物上纷纷印上《南都繁会图卷》的片段。在附近未完工的工地围墙上，“复兴南都繁会”字样与画中图像满眼皆是。

数百年前“城池入画”，现在已是“画入城池”。这些手卷不再是仅供瞻仰的历史古物，它已悄然进入城市的空间建构，且其姿态越加多变、强烈——从点缀式的雕塑景观，到空间事件的象征，甚至成为大型空间区域形态转型所追摹的对象。历史不断再现，似乎以此表明自身的“现实价值”。当然，在这一过程中，画面图像只是引子，真正活跃其中的是它所记录的“场所精神”——该空间区域的平民本质，以及它对权力机制的本能抗拒与消解。这一“场所精神”在《南都繁会图卷》中满溢将出，在《康熙南巡图》中隐而不发，而在《乾隆南巡图》中，它使皇帝无法直视，只能一抹了之。[12] 此刻，面对新一轮的城市结构变动（从2000年开始大规模展开的“南京旧城更新与保护”活动），它再一次表现出“存在感”。在这场资本、权力、人性的大博弈中，它充分地发挥着效力。最终，空间的平民本质、公共性传统以及历史面貌都艰难地保留了下来。

不无巧合的是，此时在秦淮河南岸，“南都繁会石刻”的正对面，重建中的大报恩寺塔也初显端倪，塔身的框架已经成形，两者遥遥相望。与河北侧敲锣打鼓、热闹非凡、各路媒体蜂拥而上的箍桶巷“开街仪式”相比，这个前“世界八大奇迹之一”（毁于太平天国的战火），“胜景图”中曾经的绝对主角[13]，现在只是沉默地竖立在城外的河边——没有庆祝活动，没有媒体宣传，游人稀少，甚至学术探讨也寥寥无几。虽然它也是“画入城池”，但这一次，历史站在了世俗生活一边。“风俗画”取代“胜景图”，成为城市的新符号。

[12] 在格式、规模、内容、画风均效仿《康熙南巡图》的《乾隆南巡图》中，南京卷只剩下“江宁阅兵”，乾隆的御前画家把校场一节认真地重绘一遍（基本上与《康熙南巡图》一样），城区部分全部砍掉。而在其他卷中，画面大多仍是两端田野、中部城区的通行模式。

[13] 在朱之蕃、高岑的《金陵胜景图》系列里，“报恩寺塔”都为其中一景。而在“秦淮”“桃叶渡”“长干桥”等景中，该塔经常作为固定的远景出现在画中。

石刻与大报恩寺塔，卫星图片，2013 年

施工中的大报恩寺塔重建

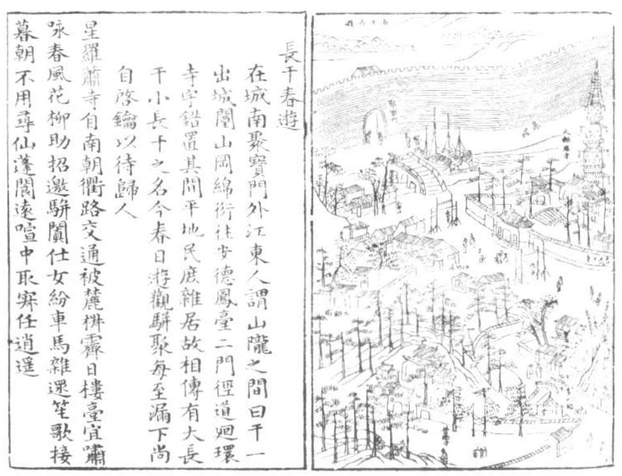

長干春遊

在城南聚寶門外江東人謂山隴之間曰干一出城闉山岡綿衍往安德鳳臺二門徑道廻環寺宇錯置其間平地民庶雜居故相傳有大長干小長干之名今春日游觀駢聚每至漏下尚自啓鑰以待歸人

星羅蕭寺自南朝衢路交通被麓栟霽日樓臺宜嘯咏春風花柳助招邀駢闐仕女紛車馬雜遝笙歌接暮朝不用尋仙蓬閬遠喧中取寀任逍遥

《金陵四十景图像诗咏》之长干春游

庶民的胜利

秦淮与门东

2004 年，南京市政府斥 30 亿元巨资打造“外秦淮河文化风景景观”。这是 1949 年以来对于外秦淮河最大规模的一次空间整治。第一阶段的收尾工程，就是河边沿线的“八景”——入江观景台、双孔护镜闸、鬼脸照镜、牧童遥指、南都繁会石刻等。

外秦淮河的景观整治从 20 世纪 90 年代就已开始。十年来，断断续续进行过十余轮方案探讨，但直到 2002 年，整治才真正实质化。该年 4 月，南京市政府明确提出全面整治秦淮河主城段，把秦淮河建设成一条“美丽的河、流动的河、文化的河”。2003 年，开始“外秦淮河（运粮河口—三汊河口段）规划设计”的方案征集。某国际建筑设计公司的方案被选定为推荐方案，该方案随后被收入《2003 年南京老城保护与更新规划》与《南京城市规划 2004》，并具体实施。在对秦淮河历史文化资源的整理过程中，明代南京

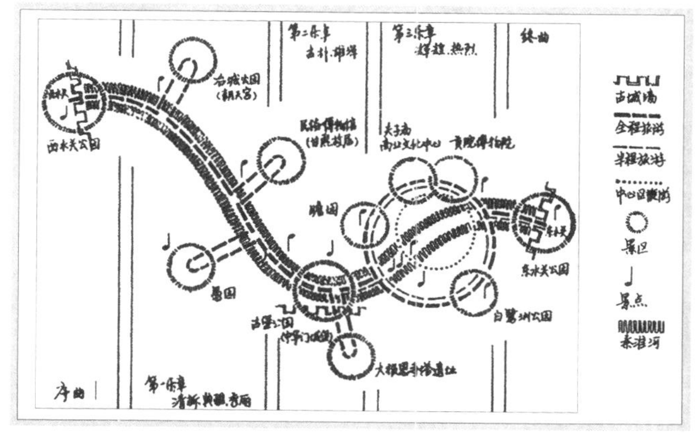

秦淮风光带规划设想，1986 年。出自《南京城市规划志（下）》

题材的风俗画《南都繁绘图卷》被偶然发现。2004 年，相关人员专程前往中国国家博物馆取得图像数据。“南都繁会石刻”因此得以面世。

这是计划外的收获。图卷是在外秦淮河被定义为“文化的河”之后，才从尘封的历史中被挖掘出来，派上用场。当然，它的意义并不在于为“新秦淮八景”增加了一个动人的新元素；它的出现预示着 1949 年以来南京最大一波城市建设拉开帷幕。

2005 年，第十届全国运动会将在南京召开。以此为契机，从 2002 年到 2004 年，南京开始城市结构大调整：数以千计的大小项目纷纷启动。其中，外秦淮整治计划稳居核心位置。它在 2003 年重点实施的“2231 工程”[1] 与 2004 年的“22345 工程”[2] 里都名列首位——典型的示范工程。正如我们所见，其投资浩大，行动迅速，成效显著。

[1] 工程目标是整治两河水环境，打造两个中心区，建设三个历史景区，拓宽、整治一百条街巷和亮化一百幢楼宇。

[2] 目标是整治两河水环境，建设两带沿线景观，加速推进三个重点区域整治建设，精心打造四个历史景点，启动实施五大历史片区的更新与保护。

与喧闹的外秦淮河相比，一墙之隔的门东显得讳莫如深。这块老城南硕果仅存的几个完整的历史片区之一，三年里，只在若干规划研究的文本里闪烁来去。[3] 在更为正式的场合中，它近乎消隐难见。2002 年的《2003 年城市建设的管理任务实施方案》中“老城环境整治”部分，对门东（及城南）未提一字。2003 年的《老城整治 2231 工程全面启动》报告中，只有一句含糊的“改造百条街巷”，对门东未着一字。2004 年的《南京城市规划 2004》只有门西改造方案，未见门东的踪迹。只在该年由市建委拟定的《2004 年老城环境整治实施方案》中才首次出现门东，其中“启动建设五大历史片区”的最后一项为“门东、门西及危旧房改造”，具体内容为“门东片首先实施危旧房屋改造，按照总体规划方案，通过市场化运作，拟搬迁居民 6000 户，拆除房屋约 30 万平方米”。

2005 年，“十运会”顺利召开。2006 年，“十一五规划”启动，数月之间，门东 30 多公顷历史街区被拆得所剩无几。“老城南保卫战”开始，全国的目光汇聚过来，似乎无人再关注城墙外的“新秦淮八景”。

门东十年

《南都繁会图卷》里就已包含了门东，画中赛龙舟的外秦淮河的北侧，即是门西、门东片区。自东吴以来，这里就是繁华的商业区与豪族巨富的聚集之地。明代中期，南京成为中国第二大城市，城南一带更是江南经济文化最为发达的区域，其民居风格保持着惊人的稳定性，即使是太平天国、抗日战争等劫难，都未伤其根本。零星的空间创伤，由城市自身的再生机能自行修复。直到 20 世纪 80 年代，门东还是那个“老门东”。

[3] 2002 年，南京市地方志办公室的佛学专家杨永泉起草了一份《关于建立南京古城区的建议》。该建议后更名为《关于建立南京古城保护区的建议》，获得了著名专家教授的一致赞同。专家们集体呼吁，尽快停止破坏性的“旧城改造”行为，在城南建立三大古城保护区。2002 年，《南京历史文化名城保护规划》出台，将“城南传统民居”列入保护规划。2003 年制定的《南京老城保护与更新规划》划定了 56 片历史文化保护区，南捕厅、安品街、门东、门西等完整成片的历史街区都在其中，要求“整体保护街区”。

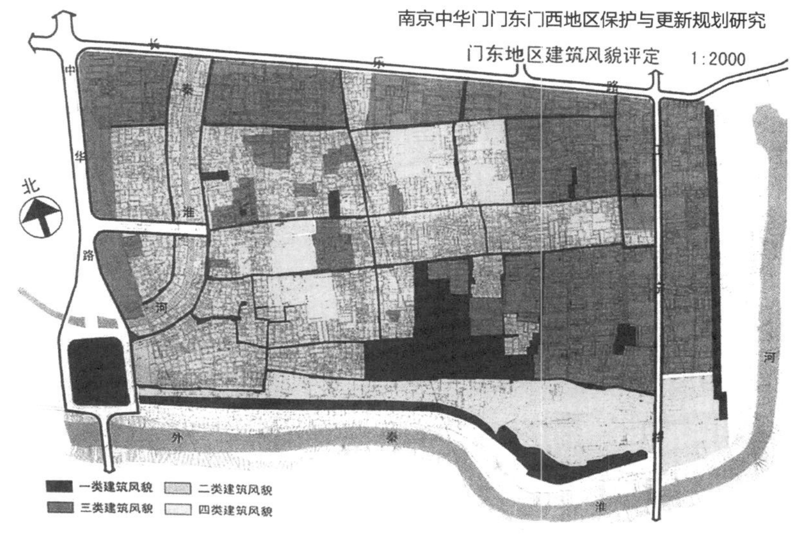

门东地区保护与更新规划研究，1998 年。出自《南京城市规划志（下）》

从 90 年代开始，门东逐渐被纳入各类“保护规划”或“开发计划”之中。1992 年编制的《南京历史文化名城保护规划》里，门东被确定为五片传统民居保护区之一。1993 年，“老城区改造”开始对这些传统民居进行“蚕食”。1998 年编制完成的《门东门西地区保护与更新综合规划研究》中，门东“开发”被摆上台面——“从旧城保护与更新整体协调的高度，探寻保护与再开发途径和模式”。而这十年来，门东已被缝里插针地改造过半。2000 年，受秦淮区委托，南京规划建设委员会组织“门东地区旧城改造规划设计方案”（简称“改造规划”）招标。2001 年，“门东地区改造工程”被当作年度“南京旧城改造一号工程”，继续方案投标。在全票通过的方案中，整个门东 43 公顷的历史街区被全部推平，以用于商业地产开发，并要求在三至四年内“全地区的旧城改造任务全部完成”。[4]

[4] 按规定，门东地区内所有企业全部按统一规划要求进行土地出让，该地区的旧城改造按规定实施货币化拆迁。此次设计招标送标截止时间为 1 月中旬，2001 年正月十六实施一期工程动迁，预计用 3 至 4 年时间完成。

屋顶平面效果图

箍桶巷街景透视图

院落透视图

门东地区旧城改造规划设计方案，2001 年。
出自《南京城市规划志（下）》

不巧（也可说幸运）的是，这一计划被“十运会”搁置下来。为了迎接该“总节点”，2002 年至 2004 年三年内的城市建设，都集中在城市的文化形象与基础功能的改良上。风雨飘摇的老城南，暂停了洗牌“改造”模式，这显然不太合乎时宜。它进入“历史文化的保护与更新”的主旋律中。直到 2004 年，门东大体仍维持原状，“一号工程”也没了下文。

2005 年，“十一五规划”紧随而至，沉默了三年之久的门东开始有了连串的大动作。该年，市规划局委托专家进行“南京城南老城区历史街区调查研究（门东地块）”。2006 年完成“南京门东‘南门老街’复兴规划”（简称“复兴规划”），并于当年12月公示。这一规划倍受好评，它为复杂的老城保护问题提出新解。这是一次颇值期待的深度设计。但事情急转直下。2007年，某地产公司投巨资拍下南门老街的“黄金地带”（靠内秦淮河的5.9公顷），轰动一时的复兴规划随之作废。在复兴规划中原本定为公共空间（民俗休闲旅游、会展、商贸产业）的地块，现在换成高档别墅，并且开发商要求“净地出让”，这致使复兴规划中谨慎的选择性抽换变成简单的一抹平。

随后两年，由于中央对整个城南保护的直接干预，门东的拆迁行为暂时放缓，大部分地块以“净地”的形式保持沉默。2009年，声势浩大的“危旧房改造”把老城南剩余的几个历史街区全都席卷进来，门东残留的几处明清文保建筑连遭人为纵火——其中含义非常明显。这一轮“危改”影响极大，媒体的介入使之再次达及中央。2009年8月，“危改”中止，老城保护进入法律程序。2010年12月，新一轮保护规划——《南京老城南历史城区保护规划与城市设计》（简称“保护规划”）出台，“老城南保卫战”终于尘埃落定。只是，门东地面上已无多少遗存。

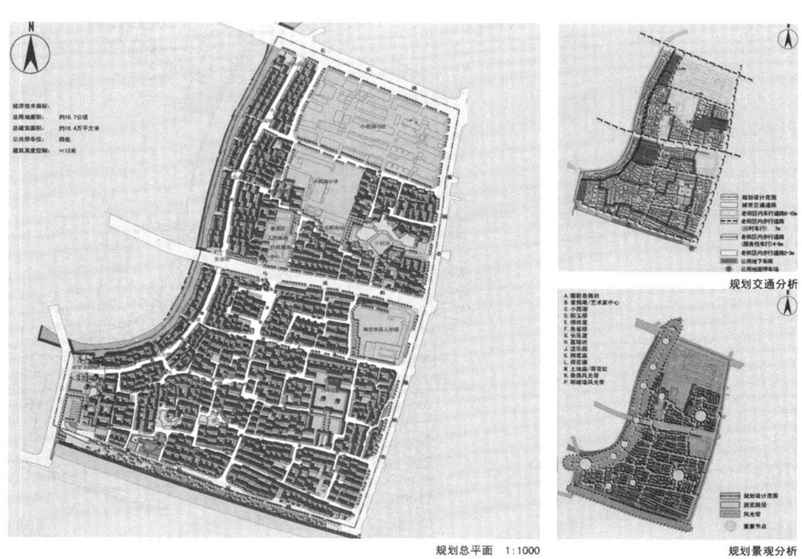

南京门东“南门老街”复兴规划，2006年

老门东鸟瞰，卫星图片，2009 年

2013 年 9 月，老门东箍桶巷示范街区隆重开街。按照保护规划的设计，门东“整旧如旧”，古意盎然。开街仪式上人头攒动，热闹非凡，宛如城市的盛大节日。三年过去，老门东已成古城南京最热闹的去处之一。

三个方案，三种历史

从 2001 年到 2010 年，十年间门东经历了三次重要的“规划设计”：2001 年的“改造规划”，2006 年的“复兴规划”，以及 2010 年的“保护规划”。三个方案并非连成一个递进、修改、完善的过程。它们面貌不一，差异巨大，但都与历史密切相关。门东的“空间史”在三次规划中承担着不同的责任，起着不同的作用。

2001 年的门东地区旧城改造规划设计方案是一项单纯的商业地产开发计划，其思路一目了然：在 43 公顷的可用地上密布各色住宅楼。规划中，历史并未被遗忘，它在各处都有表述，比如三种住宅（院落式、4 至 5 层住宅、小高层）按离城墙的近远布置开，“注重从中华门城堡俯视的景观效果”；保留了近邻城墙的三条街巷，并做重新规划；修复周处读书台与光寺宅遗址，将沈万山宅楠木厅迁移过来，共同组合成芥子园；将蒋百万故居修缮后作为民居博物馆。然而尽管看似周全，历史却难掩其配角身份：它只是若干景观式的点缀，一张漂亮但虚浮的文化外衣。空间的历史被简化为若干符号：城墙、几处古迹、二三小巷。更为重要的整体空间格局、江南民居特色被过滤——以腾出最大空间进行“市场化”。这种状况并不奇怪，城南空间史在各种规划中被符号性取用，从20世纪90年代初以来一直如此。在这里，历史只是“古迹式”历史。换作南京之外的什么地方，操作方式也相差无几。

2006年完成的南京门东“南门老街”复兴规划与“改造规划”截然不同，它是一次学术研究计划，为老城保护设立下明确的坐标：以文化为基准，以历史为参考。规划的目的是将门东打造为一个全开放的“民俗博物馆”，功能为综合性“商业旅游休闲区”；这是对空间历史属性的回溯。门东自明代以来就是市井生活的高浓度沉积场所，它由无名的微历史、无声的小历史叠合交织而成，远非以几个名人古迹为代表的大历史所能概括。在具体的空间形态上，“复兴规划”也对小历史进行“复兴”。到了2005年，门东老街区还保存有一半左右的普通民宅。规划以这批民宅为基础，对历史信息进行分析重组，重建了老城南特有的街巷网络和街坊建筑。在“改造规划”中被筛掉的小历史悉数回返。它们没有像大历史那样被抽象成几个图像符号，而是通过类型学、城市肌理、空间句法等在学院里操练的概念与方法，重回现实之中。平民化的小历史，得到前所未有的重视，成为规划的原点，目的则是以理论化的空间系统催生小历史的真正主体——市井生活的重现。

2010年空降的《南京老城南历史城区保护规划与城市设计》以“复兴规划”为蓝本，继续历史与文化的保护路线。“复兴规划”中的开放性功能、建筑街巷的小尺度与传统形态都延续下来。不过，“保护规划”在历史方面走得更远。“复兴规划”扎根于在地的平民史，而“保护规划”重建的历史则超出了城南的范畴。就建筑来说，这里既有一整座徽派木构民宅搬迁过来放在

高度控制规划图

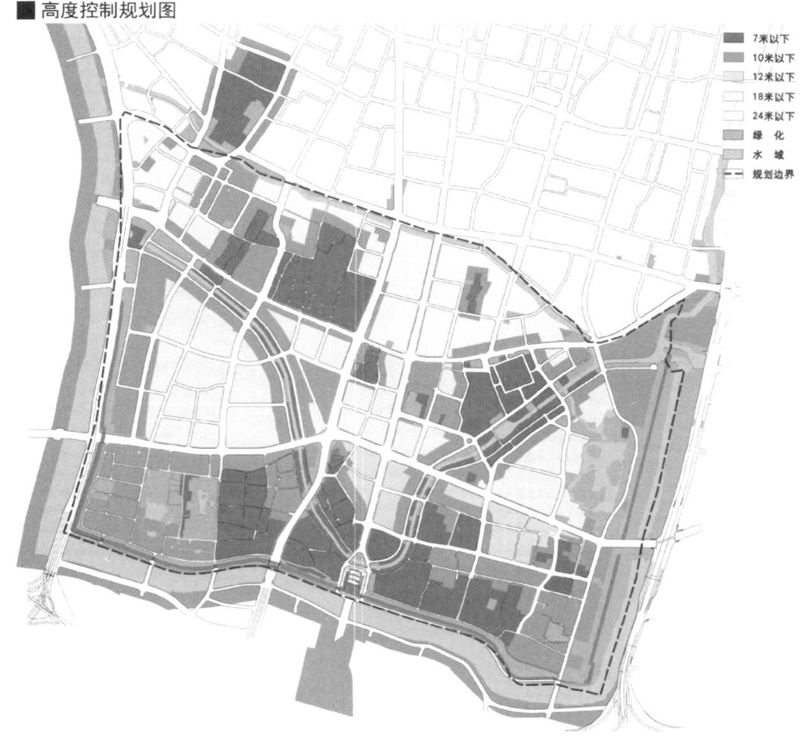

门东鸟瞰示意

南京老城南历史街区保护规划与城市设计，2010 年

某条小巷里，还有一个苏式园林置于主街边。不同风格杂处，颇似一个大江南主题的建筑会展。星巴克、德云社等各色品牌纷纷入驻，更加突破地域的界限。“复兴规划”的学术性被削减，趣味性与世俗性则获提升。在商业层面上，这有其合理之处。本土考据的民俗博物馆显然不及花样拼贴的大众娱乐场更符合此时门东的需求。

十年间，一个场地，三次规划纷至沓来，三种空间史依次显现。第一个是华丽且单薄的“大历史”；第二个是学术且平凡的“小历史”；第三个是此“小历史”的娱乐扩展版。三种空间史，指向场地的三种属性：沉默的被开发者，学术研究的对象，市民狂欢之地。

从“改造规划”到“复兴规划”的第一次转向至关重要。场所蕴含的、但长久被忽略的市民性浮出水面，导致“大历史”遭消解。这一市民性是开放的、杂糅的、层叠的。更重要的是，它与权力有着天然的对抗习性。这是自明代中期开始养成的一种场所精神。从那时起，金陵的城南所容纳的世俗生活就与皇城、政府管理部门所代表的权力结构相制衡——这完美地表现在《南都繁会图卷》中。这一场所属性在第一轮规划转向中出现，随即，“复兴规划”在学理上为之正名。它正式成为一种力量，进入现实，与众多权力关系进行角逐。我们在从“复兴规划”到“保护规划”的第二轮转向中看到的沸沸扬扬的“老城南保卫战”，就是新的力量关系角逐、博弈的现场。随着博弈的深入，场所精神被逐步唤醒。几次危局的拨乱反正，“一场注定失败的战争”的峰回路转，使它越发凸显。最终老门东所抵达的“狂欢之地”，不妨说是其全面爆发的证明。

结语：庶民的胜利

新的力量关系图中，有一个偶然要素，那就是2003年被偶然发现的《南都繁会图卷》。其肇始者“十运会”狙杀了本已成定局的“改造规划”（它被收入《南京城市规划志》两卷本巨著中），让门东地块进入新的“战备状态”。

而其物化版“南都繁会石刻”矗立在外秦淮河边，则宣告沉睡多年的场所精神正在复苏。它与“复兴规划”暗通款曲，一同投身到这张力量关系图里搅动风云。并不令人意外，它在这场纷争的终点处再次出现。2013 年 9 月老门东开街仪式上，《南都繁会图卷》被放大贴在街区入口的牌坊大门上。当它在鞭炮齐鸣、锣鼓喧天中被缓缓推开时，十年风波才算是落下帷幕。

这幅图卷串联起 2001 年到 2010 年的三个规划，它还将十年的门东连成一体，成为一个完整的时空切片。这是属于平凡“小历史”的时空体，它击退了光鲜的大历史以及背后操纵的权力之手，推动门东历经三次规划一步步走到今天。当然，大历史也未完全退场——它只是失去了主导性。当下的门东，仍然是大小历史杂交叠合。但就目前来看，无论是周处读书台、蒋百万故居或是尚在过程中的芥子园，都远不如德云社、星巴克、街边小吃来得人气火爆。

如果将这一切片抽出来，我们会发现，这也许是门东数百年来最特别的十年。空间格局天翻地覆式的折腾倒在其次，重要的是“小历史”的主体的存在感前所未有地显现出来。它重回 400 年前盛世胜景的愿望是如此强烈，以至于辐射到整个城南，甚至南京全城。只有通过这幅图卷，我们才能看出这十年以及老门东开街仪式的真正意义。这是一场庶民的狂欢，更是一次庶民的胜利——自明末以来，它在这个城市里几乎再也没有出现过。

参考文献

[1] 南京市地方志编纂委员会. 南京城市规划志（下）[M]. 南京：江苏人民出版社，2008.

[2] 薛冰. 南京城市史 [M]. 南京：南京出版社，2008：145—146.

[3] 南京市规划局，南京市城市规划编制研究中心. 南京城市规划 2004 [内部资料]，2004：69.

中华路 26 号

每一个尚未被此刻视为与自身休戚相关的过去的意象都有永远消失的危险。
——瓦尔特·本雅明，《历史哲学论纲》

一

2010 年 9 月，南京，中华路，26 号地段。

那面临街的 3 米高铝板已经竖起一年多了。板后偌大的施工场地平静而有序地忙碌着。2009 年年初该地段沸沸扬扬的拆迁景观，已被大家淡忘。现在，这个建筑（江苏银行总部大厦）的基础部分已初见模样。如果不出意外，到 2012 年年底，它就会耸然矗立在大家眼前，而这一“全省外贸 CBD 商务区”延续将近十年的建设工作也将由此划上句号。

该商务区是南京老城的一个核心节点。从历史位置上看，它位于南京“鬼脸城”的头颈交接处，且在洪武路、中华路这条南北轴线的中心，是若干朝代（南唐、宋、明、清）的城市枢纽。从当下整体城市空间格局来看[1]，它是以新街口为圆心的“现代文化区间”和以中华路为直径的“传统文化片区”的相

[1] 参见 2002 年的“南京老城保护更新与规划分析图”。南京市地方志编纂委员会．南京城市规划志（下）．南京：江苏人民出版社，2008：432．

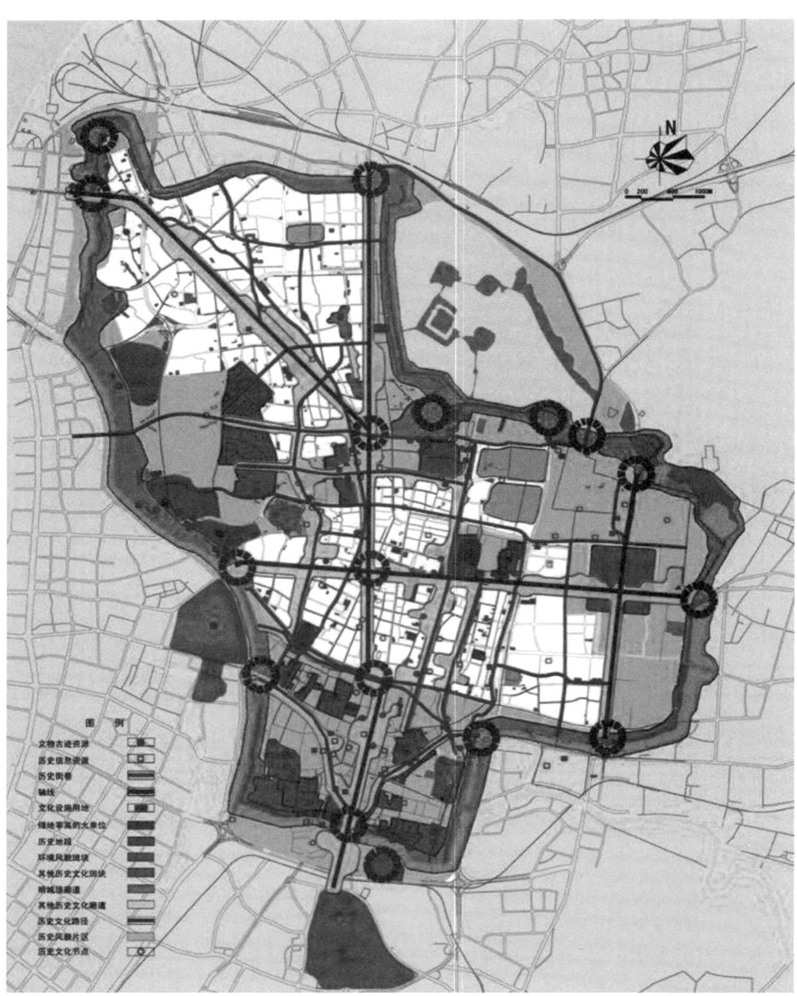
N
0 200 600 1000M
图例
文物古迹资源
历史信息资源
历史街巷
轴线
文化设施用地
绿地率高的大单位
历史地段
环境风貌斑块
其他历史文化斑块
明城墙廊道
其他历史文化廊道
历史文化路径
历史风貌片区
历史文化节点

南京历史空间结构图

切点。在视觉形态上，这一核心节点也不负其重要的意义：它以洪武南路、中华路、白下路、建邺路交叉的十字路口为中心，四面密布一圈高层建筑——路口北边的是汇鸿国际集团和中国银河证券，南边则有江苏国际经贸大厦、银达雅居，以及中华路 1 号（高级酒店公寓“观城”）。这些建筑基本上都是近几年落成——中华路 1 号“观城”也才刚刚完工。每个身处其中的人，都能感受到南京的大都市前景（成组的玻璃摩天楼错落有致）和现代都市生活（豪华五星级宾馆、高档私人酒店公寓、银行、时尚街区、大型商城一应俱全）扑面而来的气息。

二

江苏银行总部大厦是此商务区的最后一块拼图。其规模相当可观：占地 1.2 万平方米，总建筑面积 10 万多平方米，36 层、160 米高，集银行总部办公、系统内部培训、金融交易市场、国际会议、营业网点为一体。该项目被列为 2009 年南京重点建设项目，设计者是一位从英国回来的海归建筑师。

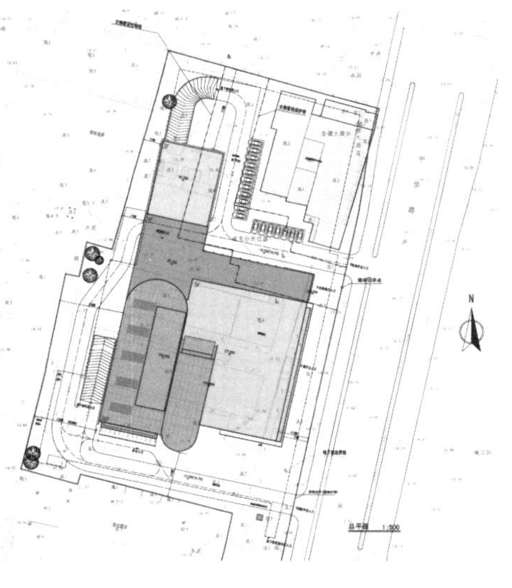

江苏银行总部大厦总平面图

该大厦的风格很现代：钢框架混凝土结构，全玻璃单元式幕墙，建筑主体由两个板式体块组合而成，体块的南北向尽端各为弧线围合。与比邻而居的江苏国际经贸大厦相仿，这是一座鲜亮、光洁的玻璃摩天楼。其建造过程也充分地体现出这一风格所特有的速度感，虽然那位海归建筑师的中标方案甲方并非特别满意，但是为了完成日程安排，工程仍然紧急上马。甲方为此特别成立了一个“代建办”，聘用经验丰富的监理团队来掌握工程的运行。在此，从设计到建造之间的一些必要程序（方案的合理化研究）被强行缩减与并置。在土建过程中同时进行方案的各项优化设计，以节约时间保证项目准时完工。

中华路 26 号地块拆迁现场，2007 年

江苏银行总部大厦透视图
（右下角为基督教青年会旧址建筑）

这些优化设计其实相当烦琐——从幕墙到交通流线，从室内功能到家具配套研究，从节点设计到物业管理设施。这些分项研究动用了大量资源，本地的高校专家也参与其中。它们见缝插针式地与土建同步进行，且有机地组合进来。这种中国特色的建设方式，目的就是保证外部的“高速”状态不受干扰。

该大楼的高速模式并非特例。环顾左右，我们会发现，这只是不可遏止的城市建设洪流的寻常现象。中华路 26 号（原本为 2-50 号）地段原本是南京分析仪器厂的厂房区，江苏鸿源房地产开发有限公司于 2009 年年初拍得该地，随即投入建设。街对面的中华路 1 号数年前尚是白地一片，现在高级私人酒店公寓“观城”和被称之为“金陵首个 City Walk 时尚漫步街区”的“红街”已闪亮登场，大小商埠纷纷入驻。很快，它将协同江苏银行总部大厦，再加上南面 400 米处的水游城 Shopping Mall，一起融合进健康路—中华路—夫子庙所构成的商圈，最终与北面距离 2 公里的南京商业集群新街口连成一条城市中心轴线，共同形成“5 分钟都市生活圈繁荣核心地带”。

这里，有多少类型的资本在其中运作难以辨识，但很显然，一条疯狂的结构链将有关联的建筑全部卷入其中。银行总部大楼的加速度推进只是顺应大局的正常表现。

三

和银行工地一起挡在铝板墙后面的还有一座灰扑扑的小房子——南京基督教青年会旧址建筑（现为金塘大酒店），它是该项目的另一部分。该建筑二层高，分为两块（皆坐西朝东，临街一部分为“一”字形，背街一部分为L形），占地面积840平方米，与银行相隔十余米。这个老房子建于1940年代，1996年被列为南京市文物保护单位。无论是否由于这个原因，它在这一波汹涌的（拆迁）建设洪流中存活了下来。该项目要求对其原始面貌进行保护性更新，以作银行的高级会所之用。

说起来，这个外表朴素、已然残破不堪的旧建筑会从该项目中捡到不少便宜。借此时机，大笔资金注入，它将迎来新生。功能置换（改为银行的高级会所）、结构更新（内部改为大板结构）、表皮的旧式要素一概保留（米黄色水泥拉毛外墙、清水勾缝的青砖内墙、两个红色的铸铁门框与附带的小阳台，以及一扇彩色玻璃窗，等等），自然不在话下，这是惯常的处理思路。这一颇具怀旧意味的民国建筑修葺一新之后，必然大受欢迎。因为它是这片玻璃混凝土森林中唯一有历史遗韵的建筑，也是现代商业中心区迫切需要的温情元素。它能缓和都市生活的快节奏，调节空间界面尖锐冰冷的质感。这也正是南京城的一贯风格——古新交织，相安无事。

基督教青年会一角

基督教青年会旧址建筑（金塘大酒店）

改建方案有一个重要的细节：建筑一层的地基边线需做一次整体的偏移。表面的原因是，原址的地基边线和中华路之间有一个大约 8° 的夹角，现在要整个扭转过来，使其与道路平行。虽然这个原因言之成理——规整道路，使整体的商务空间变得有序、顺畅。但具体观之，这一看似微小的动作却将工程的性质彻底改变。

以等级（市级文物保护建筑）来看，这个房子更新有其通行模式：更换老旧的结构和门窗，局部加固，尽量使建筑的旧有意象保持完整。前部的“一”字形体块抽掉旧屋架，拆除外墙，强化砖柱，另设梁与屋架，再恢复砖外墙（是否用原始砖还需看情况）和那几个铸铁门窗。后部的 L 形体块也大体如此，且清水砖外墙维持原状，工序更为简便。扭转地基则意味着这套操作程序必须全盘重来——基本是再造一个全新的建筑，只是形象与旧房子一样。前部的建筑主体全部拆除，重设地基与钢筋混凝土结构，再在原来位置贴回铸铁门窗。其实，这种全然新建的做法较之加固式保护更为简单易行，但它会带来一个麻烦的后果——后部的 L 形体块的施工难度和复杂性（还有造价）瞬间提高了几倍。因为清水砖墙必须保留下来，所以基础的扭转，使其只能采用“落架大修”这一最为烦琐的手段：将砖墙和其他构件全部拆掉，选择有再度使用可能的部分逐一编号收存起来，然后在校正过的地基上对建筑主体按原样重建。

一扭之下，这一翻新工程就偏离了正常轨道。它一方面简略了某一部分的施工程序，另一方面又使得另一部分的施工复杂化，增加了无数难以预见的意外状况。这一立场含糊的做法，是对改建活动的延迟。与外围空间的直线式高速推进相比，它铺展开的是若干条反向的、分岔的、纠缠的慢速线。正如我们所见，项目开工至今一年多，改建部分尚无多少动作——仅只拆除了外墙的空调机窗。

并排而列的两个建筑（银行总部大厦和基督教青年会）分担了两种不同的速度形式。看上去，这只是空间状态上的平衡，比如用小尺度的传统建筑调和玻璃摩天楼的冷峻；或者是某种必要的个体性的情绪补偿，比如用怀旧的历史韵味来填充商务区所制造出的情感真空。实际上，这两种速度的并列来自于某一激烈的空间对抗。而且，一旦我们将目光从此处抽离出来，就会发现对抗的场地不仅仅局限在中华路 26 号这一节点上，它还蔓延到这条南北向的城市中轴线，及至整个南京城。

四

基督教青年会的街对面有一棵广玉兰树，二级古木。在十字路口边上贯穿而过的有一条运渎河（以及河上的内桥）。这三个相距咫尺的东西（一个民国建筑、一株古树、一条古运河），潜伏在该商务区的高层塔楼群之下，构成了一个隐性单元体。这个集点、线、面于一身的单元体虽然在夹缝中求生存，却是这一城市轴心的背景文本。它由历史和自然两种元素组合而成，是南京的一个沉默的节点。

顺着路口南向延伸，这一节点会逐渐展示出一连串相近之物：两侧的南捕厅及甘熙故居“九十九间半”、瞻园、夫子庙、内秦淮河、老城南街巷集中的门西门东片区，直到中华门瓮城和外秦淮南岸的大报恩寺塔遗址……这些民国、晚清、明、南唐的历史碎片连缀起一幅动荡千年的南京历史图景。它们是“历史文化名城”南京残存的见证，也组成其历史底图的基础结构。

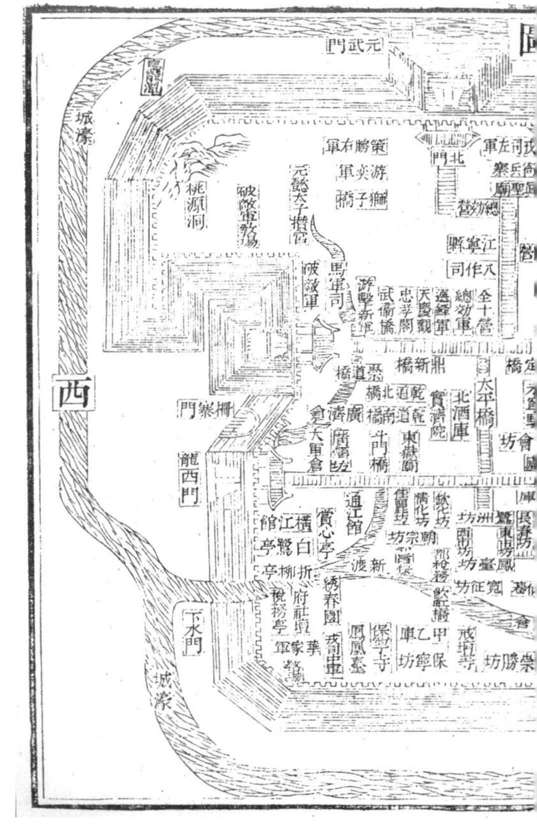

南宋建康府城图

中华路正是该结构一条至关重要的主轴——北起内桥，南至中华门外长干桥，长 1.7 公里。[2] 这条路已有两千年历史，三国、六朝时，它就是当时少有的通衢大道。史载晋成帝筑新宫，正门（宣阳门）正对朱雀门，这条街称“御道”或“御街”。因为此路直通朱雀航，又叫朱雀街。南唐时，它是宫城正门前的虹桥（即内桥）至镇淮桥的一条铺砖路面的御道，史称“南唐御道”（为南京史上三条古御道之一），两侧为官衙集中之地，镇淮桥两侧设有国子监和文库。明清时，沿途一带曾有朱元璋吴王府、徐达王府及承恩寺、净觉寺等。国民政府建都南京后，耗资 16 万银圆将明清时的府东街、三山街、大功坊、使署口、花市街、南门大街等路拉齐拓长（1932 年竣工），通中华门得名“中华路”，现被称为南京四条历史城市轴线之一的“南唐轴线”。

以运渎河与内桥为始，至外秦淮河和大报恩寺塔为终，贯以中华路为轴，两侧散以若干点与片，这一古城的历史结构看上去颇成规模。[3] 但面对城市发展泥沙俱下式的狂飙突进，它也难免被冲击得七零八落，许多地方已从地图上被抹掉。尽管如此，这一结构仍具有顽强的生命力，它仍在为自

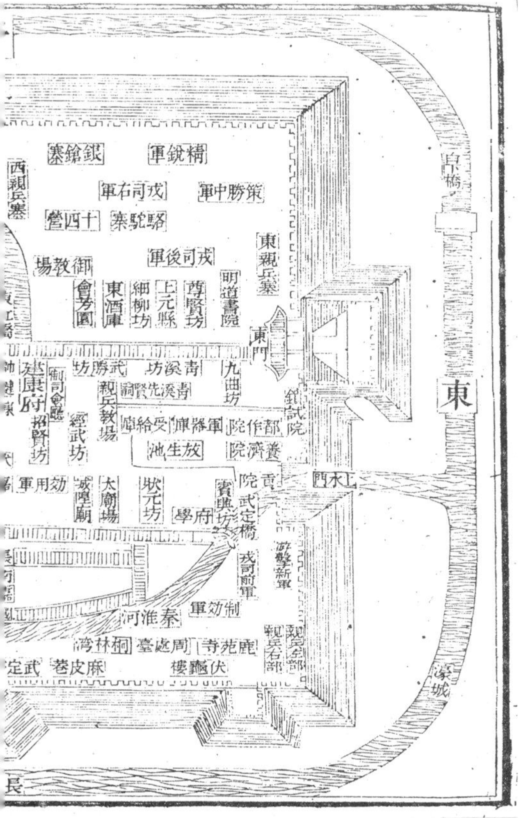

己的生存权作抗争。现在，南捕厅的清朝民居遗存及历史街区的保护规划已经进行了 10 年，仍在过程中。门东、门西的“历史街区”也在进行类似的保护与“镶牙式”更新。内秦淮河的环境整治为时久矣，最近沿河两岸的老河房正待“全面恢复原貌”。大报恩寺塔的重建经过漫长的策划，已临近破土动工。就中华路本身来说，这条千年轴线，也经受了若干次折腾。1987 年，南京市政府将中华路改造试点列入当年城市建设和管理的“奋斗目标”，“要求恢复中华路历史上的繁华，与秦淮风光带相呼应，反映历史文化名城的特色与新貌，为南京传统商业街道的更新探索路子”[4]。1994 年年底，为迎接第三届全国城市运动会在南京召开，市政府决定对中华路进行全段改造，并列入次年的“奋斗目标”。

可见，南京城这两套性质完全悖反的结构（历史结构和新商业结构）的对抗已是相当激烈。它反射出当下城市某种不正常的生存状态——过于急速的发展扰乱了一个有着千年传统的城市肌体应有的自我调节能力与生理周期。多种力量在有限且越加局促的空间里争夺资源

[2] 中华路为南京城内最早的人工路，在民间俗称“南京第一路”。

[3] 以 1.7 公里长的中华路为中轴的秦淮片区，是南京古城传统文化的集中体现地。它以“十里秦淮”、夫子庙、中华门、明城墙、街、巷、传统民居和市井文化为特征。在历年的老城保护与更新规划中，这一片区一直都被视为统一的整体。

[4] 南京市地方志编纂委员会．南京城市规划志（下）．南京：江苏人民出版社，2008：721．

和生存权，这必然导致不同异质成分的错动和撞击。对历史结构来说，其要求的本不过是单纯的原址保护、静止的新旧叠合，和平共处即可。这看上去简便易行，但在当下的混乱状况下，这显然是一厢情愿。实际情况是，面对新的商业结构的符号代码强势且无孔不入的侵蚀，历史结构的所有元素都被迫自我调整，以适应现实符号秩序的具体要求。

现实的要求本身亦不太稳定，常常在很短的时间段里便出现若干变化。因此，事情往往会陷入更为复杂的状况之中。比如，对于南京"历史文化名城"的定义由来以久。1982 年，南京就被国务院批准为第一批国家级历史文化名城，随即编制了《南京历史文化名城保护规划方案》(1984 年版)。1992 年推出名城保护的修订版，2002 年进一步编修了《南京历史文化名城保护规划》,以后更是逐年修正,直到 2010 年 7 月江苏省人大常委会批准通过《南京市历史文化名城保护条例》。这是到目前为止唯一有正式法律效用的法规。

且不论这些逐年修正的法规之间或小或大的差异会给保护更新周期颇长的历史建筑制造多少麻烦。在这些法规后面，现实的暗流涌动更为变幻莫测。其中更有某些突如其来的冲击——1993 年 3 月 19 日,《南京市人民政府工作报告》中提出，要"在主城建设 100 幢高层建筑，形成具有时代特征的城市风貌"[5]。随之而来的"国际化大都市"浪潮、将下关建成南京"外滩"的宣言，使南京老城内 8 层以上的高层建筑在短短几年里(到 2002 年)达到 956 幢。[6] 而这些高楼大都是通过拆迁旧房屋、老街区而获得土地建造的。这些高楼、"以地补路"[7] 等相关政策和已成污点的"老城区改造"对南京历

[5] 薛冰．南京城市史．南京出版社，2008：124．

[6] 南京的高层建筑从 1977 年南京城北的丁山宾馆业务楼(8 层，33 米)开始，到 1982 年是第一个发展期，共建 17 幢高层建筑，基本都建于城北。1983 年到 2001 年是高层建筑发展的第二阶段,共建 370 幢,集中在新街口、长江路、鼓楼一带，城南较少。2002 年到 2004 年是第三阶段，共建高层 415 幢，老城内有 214 幢，有向城南(白下路、三山街)蔓延的趋势。见：南京大学建筑研究所城市特色研究小组．南京城市特色构成及表达策略研究．2006．

[7] 自 1995 年 4 月南京市政府批转的《南京市市政建设项目复建补偿用地若干政策的意见》实施后,南京的城市建设及房地产开发均按"以地补路"的政策。"其内容是城市的市政设施(主要是拓宽或新修城市道路)的前期费用(包括拆迁安置等)均由房地产开发负担，政府则给予其他土地的开发权进行冲抵。"见：李侃桢，何流．谈南京旧城更新土地优化．规划师，2003(10)：30．

内桥与运渎河

甘熙故居

瞻园

二级古木

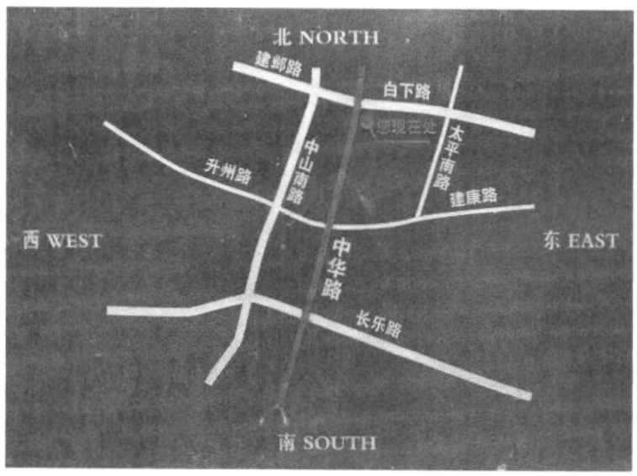

内桥上的石碑所刻的地图

中华门西的小巷

南京景胜鸟瞰图，1938 年

中华路卫星图

1980 年代的中华路鸟瞰

2010 年，新街口

史底图的破坏无可挽救。那些尚未来得及作出适当反应的历史建筑时常被商业代码的布展无情地抹去（乌衣巷已面目全非，秦淮河与白鹭洲之间的大、小石坝街的可与“九十九间半”媲美的历史街区全部被夷为平地），现实的世界留下一道道裂口。

虽然到2004年，所谓关于100幢高层建筑的“亮化”工作（2002年的“7721工程”和2003年的“2231工程”）[8]已经停止，但是它们已经彻底更改了南京老城的格局。而中华路这一“全省外贸CBD商务区”正是该“历史事件”的产物之一。所以，这些高层建筑并非无法避免的经济发展的寻常结果，而是已证明为彻底失败的某项政府工作报告的遗留物——它们是那“100幢高层建筑”的复制品。这一我们尚且记忆犹新的“国际化大都市”风潮无疑是南京的巨大创伤点，它对南京城历史结构的大规模破坏堪与史上任何一个时期的结构变动相比。这既是指其物理后果，若干记忆地标消失；更指精神后果。它发生在我们眼前，直接干预了我们现实感的构成——对于生活在其中的南京人来说，场所的历史记忆是现实感不可或缺的成分。

现在来看，这一曾经的千年之轴的端点已完全现代化了。广玉兰树在“观城一号”前看起来像株招财树；脏兮兮且臭味依旧的运渎河和内桥，除了桥头那块石碑，难以令人联想到千年、南唐之类的意象；只剩基督教青年会旧址这一尚存历史遗意的建筑勉强维生。历史结构在与新商业结构的角力中全面落于下风。

五

建筑遭逢改建，意味着它已走过了一段历史周期，面临一个转折点。现实的符号秩序对其有了新的要求，它需要嵌入更新了的符号链条之中，成为现实的一部分——中断物质身体的自然衰老过程，重续符号生命。这里存

[8] 南京市规划局，南京市城市规划编制研究中心．南京城市规划2004．69．

在两种选择：作为“意义综合体”的复活，和作为“能指自治体”的复活。两者对相同历史内容的态度截然相反。要么，它将之档案化，加之于一个叙事结构，使相关的历史记忆成为可稳定传递的意义文本（图像、文字、建筑物的综合物）；要么，抛弃掉建筑的历史内容，将其能指群分离出来，也即保留可兹利用的视觉上的审美元素，变身为一个纯粹的新建筑。它被纳入当下的商业开发系统，成为城市公共生活的一个特殊地带——保留历史意象，对其进行价值再生产。这一状况非常普遍，比如南京的“1912街区”、上海的“新天地”，以及类似的创意产业园。对于意义综合体来说，需要做的是以遗址建筑作基础，重塑一个开放的、关于历史记忆的叙事空间——用原始材料和文字陈述还原历史的诸般过程，使之具有道德训诫、教育等意义；对于能指自治体来说，新建筑诞生。

民国年间中华路街景

基督教青年会看上去只是一个普通的历史遗物、一个规模不大的民国建筑，与许多同类建筑（南京那些漂亮的天主教堂等）相比，它的艺术性只处于下等之列。但是，其历史流变却相当传奇。1949 年前，它与诸多中国近代史大事件有关——既见证着中华民族的崛起，又目睹了其深重的灾难。这些多样的历史成分不同程度地、以不同方式影响着它的现状和未来。正如我们所见，它的改建方向在复活意义综合体或复活能指自治体之间摇摆不定。

1844 年英国人乔治・威廉于伦敦创立基督教青年会。1885 年青年会传入中国。全国第一次运动会就是由青年会在南京主办，这是现代体育运动会在中国的开端。1912 年，在国民政府成员王正廷、马伯瑗的倡议下，南京的基督教青年会成立。内务部指示南京当局拨给地基，以作建设之用。那个时候孙中山正任临时大总统，他对青年会极为重视，认为“青年会乃养成完全人格之大学校也”[9]，首捐 3000 银圆用作青年会的开办费。随后，全市众多社会人士也纷纷解囊，青年会于华牌楼租下一周姓大厦辟作会所之用。1912 年 4 月 1 日，青年会成立典礼在此举行，孙中山率领南京临时政府各部总长和次长亲临典礼，接见青年会诸位董事并合影留念。1925 年青年会聘请建筑师设计会所。经过一年多的施工建设，新会所于 1926 年 4 月竣工，坐落于城南府东街（即现在的中华路）。1937 年南京沦陷，该建筑遭逢大劫，二层几乎焚毁殆尽，内部木结构也全部烧损，只留外墙。1946 年 11 月，在总干事诸培恩、李寿葆及美国人麦纳德的促进下，被烧毁的青年会会所得到恢复。解放后，青年会的活动变动较多，会所也被用于仓库、餐馆、厂房、办公、银行储蓄等不同用途。

在这一民国建筑将近百年的历史里，有一个明确的段落划分。1949 年前，它是时代的有力参与者——基督教、中美交流、全运会、孙中山、日军侵华战争、抗战胜利等近代中国的历史符号都在此留下深刻烙印。这包含着基督教在中国的传播[10]、青年会与民国政府[11]、近代中国的西方教育[12]、全运会与近代中国体育精神、孙中山的民国政府与城市建设活动、南京与抗战等近代中国诸项重要的文化主题。[13] 相应地，建筑的物质性身体也大起

[9] 见南京基督教青年会网站。

[10] 基督教“作为美国奇迹的社会福音”，对中国青年会产生的影响，也被美国学者认为是“源于不同文明中的两个国度之间跨文化碰撞历史中的独一无二的画卷”，是“20 世纪美中文化交流碰撞中最精彩的篇章”。见：赵晓阳．基督教青年会在中国：本土和现代的探索．北京：社科文献出版社，2008：145．

[11] 青年会在发展的各个时期，都很注重与历届政府的关系。孙中山、黎元洪、袁世凯等都表达过对青年会活动的支持。另外，青年会总干事余日章还曾为蒋介石和宋美龄主婚，蒋介石也曾为青年会第九次干事大会题词。见：基督教青年会在中国：本土和现代的探索．35 - 36．

[12] 费正清先生在论及基督教对中国社会改革的影响时认为，对中国的西方教育最具影响力的机构之一就是基督教青年会。“从第一任干事来会理 1885 年到中国直到 1949 年，青年会一直都是中国社会改革的推动力。它对中国政治和社会发展方面产生的影响，在世界上任何其他国家和地区找不到同样的例子。”见：基督教青年会在中国：本土和现代的探索．36．

[13] 相比之下，近代中国建筑史的某些主题，比如传教士与中国近现代建筑的发展等，反而没那么醒目。

孙中山先生率国民政府各部长总次长参加南京青年会成立典礼

民国十五年（1926）落成的南京青年会会所（今中华路 26 号）

大落、饱受磨难。1949 年后，建筑的经历平淡无奇，虽在功能上多有变迁，但其物质身体一直保持着原有模样，60 年时间的流逝只是使其更为老旧残破而已。

就历史内容来看，无论是重要性还是丰富性，基督教青年会都有必要成为纪念的对象——它是近百年中国历史（包括落成之后 23 年的民国史和 62 年的共和国史）的缩影，是中间若干重要历史转折的见证。丰富的文化符号和事件以及相关的细节，可以使之轻易地建立起一套完善、动人的叙事结构。况且现在正处于“辛亥革命 100 周年纪念”的全国性风潮之中，青年会作为孙中山倾力推动的项目，其重建理由相当充分。[14] 从建筑上来说，它还拥有一个现成的纪念空间——这个保存尚还妥当且不乏精美之处的建筑。

[14] 孙中山与青年会渊源颇深。除了南京基督教青年会之外，他还在上海、广州的青年会上发表过重要演说。1924 年，孙中山发表著名文章《勉中国基督教青年》，文章论及青年会以德育、智育、体育去陶冶青年，使之成为完全人格之人，将为青年会救国的重任。

沿街建筑块的米黄拉毛墙面、圆形门洞、红色火焰式的基督教建筑元素搭配得很贴切，背街一块的清水砖墙和人字屋顶线条清爽、色调沉稳，民国味道纯正。两者对比起来颇为出彩，且和建筑所包含的历史内容正相呼应。而且，它的位置的公开性（这个商务区显然需要某种开放和交流特征）也和纪念建筑的要求完全吻合。似乎这里出现一个再现历史记忆的叙事空间、一个纪念性建筑、一个意义综合体是顺理成章的。

这个简单逻辑并没有实现。目前看来，基督教青年会的改建貌似尊重历史，是对传统信息的曲意挽留。不拆除，反而整修它，使历史得以留存，甚至加以强调——在此空间节点中，出于对比的原因（周边都是现代风格的高楼大厦），这一民国建筑将会显得尤为突出。[15] 但是，实际情况正相反。

“扭转式”的改建行为是对历史的某种隐晦的中断。它以一种强制性的空间规训和符号整合，拒绝了意义综合体的实现。对墙体、窗户、阳台、栏杆、门楣（或局部墙体）等零星碎片的选择、拆解、保存、重新安装，这一系列细碎的程序，将历史段落中环环相扣的细节强行分类。在分类中，某些历史记忆被删除，某些被选择性地符号化。历史最重要的特征——连续性——被破坏。而历史之意义综合体的呈现，正有赖于以此为基础建立起来的叙事结构。那扇 1945 年的彩色玻璃窗和红色的铸铁门框与附带的小阳台当然会保留、贴回原来的位置，但二层所有破损不堪的木框玻璃窗肯定会全被换掉。西面的清水砖墙会有部分保留，东面的米黄色水泥拉毛外墙当然会重新来过。所有元素都会按照建筑的原始模样进行艺术性的重组。这些纯粹的审美符号、抽象能指，在专业技术（美学和工程）上使自己达到自足状态，而不参与任何关于历史意义的阐述和建构。它避开了外向的叙事性，拒绝了一切意指活动的可能，以完成一个能指自治体。最后，其功能上的安排（做银行的高级会所），将其自我封闭性推向高峰——它对公众关上大门，只提供特殊人群以特殊服务。

---

[15] 这也是两套对抗系统相互妥协的结果——基地的 8° 扭动，在不影响建筑原样的前提下，使其嵌回到周边高楼各就其位的正交网格之中。

遭日军焚毁后的南京基督教青年会

最终，在这个商务区中，共时性重叠着的只是一个能指网络：作为能指自治体的基督教青年会、纯自然的古玉兰树，和近乎抽象的运渎河。

六

那么，为什么在此无法实现意义体（开放性的纪念建筑）的复活呢？这使得该城市轴心的历史结构的表现力（它不是由单纯的形象，而是由形象的历史叙述机能所决定）消退殆尽。换句话说，为什么它不能像同类建筑那样，成为历史文保建筑向文化纪念类建筑转化的实例之一呢？[16]

尽管南京城的两套结构（历史结构和新商业结构）搏弈激烈，但是这种转化并不少见。仅就相关的近现代建筑而言，到 2010 年南京已经公布了五批重要近现代建筑保护名录。其中和基督教青年会同等级的市级文物有 112 项。《南京市重要近现代建筑和近现代建筑风貌区保护条例》明文，“鼓励重

[16] 2003 年，基督教青年会旧址被降为区级文物，2006 年，再列入第三批市级文物保护单位名单。见：南京市规划局，南京市规划设计研究院．南京老城保护与更新规划总体阶段说明书．2003：2 － 28．

[17] 见江苏省文化厅网页。

要建筑和风貌区内建筑的所有人、使用人和管理人利用建筑开办展馆，对外开放”[17]。目前，这些建筑大多保持原有模样，其中也不乏开放其历史纪念功能的例子。比如南捕厅甘熙故居的“南京民俗博物馆”（1982 年的市级文保单位，离基督教青年会并不远），现在依然运转良好。

这也许要归结到该建筑的历史中某一特殊的部分，也即南京城最惨痛的创伤性记忆——大屠杀。1937 年 12 月 13 日，日军由中华门攻入南京城，一路烧杀劫掠，中华路这条千年轴线一片火海。

尽管经历 1500 年的变迁，中华路对于南京城的意义却没有什么改变。此时，它虽然已经不再是皇家御道、政治之轴，却是南京城中最繁盛的商业街。它和太平路一起（两条南北长街），类似于北京的大栅栏和天桥，上海的南京路和城隍庙。这条街上，国货公司、中央商场、美国人的哥特式教堂、银行、南京最大的瑞丰和绸缎庄、粮行、戏院、茶食店、杂货店、水果店、炒货店、茶馆、酒楼、饭店、旅馆等密密排开。实际上，这一繁华景观在 1930 年代初才刚刚成形，便遭灭顶之灾。从中华门至内桥整条街道基本上全部毁于一旦，破瓦残垣，绵延数里，建筑无一完栋。

1938 年南京中华路，《战尘》上卷，藤田部队本部，昭和 13 年（1938）

基督教青年会正处于这条烈火之轴的端点——它曾经积极组织抗日宣传活动（散发传单和举办抗日漫画展）和保护抗日志士[18]，因此遭受残酷报复，二层被烧毁，只留下局部外墙。青年会南京分会负责人、美国圣公会传教士费吴生（George Ashmore Fitch）用他的摄像机拍下建筑被焚毁后的照片，历经艰险运送到美国，这也成为日后指控日军大屠杀的有力证据。青年会在《拉贝日记》中也留下重重的一笔。[19]

一般而言，对于这部分历史的记忆，在公共层面和私人层面上都有着某种难言的味道。公共的纪念从未停止，且有增无减，比如喧闹一时的大屠杀纪念馆的新馆建设和层出不穷的研究著作、研讨会、文献整理（最近有 70 卷本的相关资料将出版）、电影制作（《张纯如》《南京！南京！》《金陵十三钗》）。另一方面，慰安所被拆毁之类的事件也时有报道。这一对大屠杀历史有着绝对证明效用的场所，已经被拆得差不多了——几十个地点只剩寥寥数个，最完整且最著名的利济巷旧址也没能在巨大的争议和反对声中保留下来，已遭拆迁。[20] 相比之下（前者大抵是意识形态的需要），我们或许更应该多关注后者，因为其背后的原因与基督教青年会此刻的状况颇有关联。

无论是慰安所之类的简单粗暴型强拆，还是基督教青年会之类的智慧型的修辞替换，结果是一样的：历史的物证被抹掉。当然，我们不能简单地归结为国人对历史漠然之惯性。这也许反而证明了该事件留下的创伤性记忆过于深重，以至于那些试图将其“历史”化（成为某种思想教育和学术研究的纯粹对象）的行为纷纷失效。这一创伤性记忆已经成为某种精神实体。它

[18] 1937 年，李公仆曾寓居于此。

[19] 书中数次提及南京基督教青年会。它是多种暴行的见证场所，妇女（包括青年会雇员的家人）被强暴，建筑又遭数度焚毁。青年会及负责人费吴生将中山南路的大楼改为收容外地难民的临时避难所。

[20] 利济巷旧址已拆除了三分之二有余。现在剩余部分拟作保护性更新，用做相关历史的纪念馆。

的纪念物，无论多庞大、严肃，相比之下都显得微不足道。或者说，它们没有起到什么纪念功能，反而在削弱这一精神实体的强度。因此我们见到的常常是一个反向的结果——那些纪念场所被商业活动所包围，既混乱又庸俗。比如，大屠杀纪念馆刚完成时还颇有肃杀之气，现在已经变得像个游乐场。周边高档楼盘也纷纷冒出，各类花哨的广告牌此起彼伏。似乎南京城对这一记忆的纪念形式不是回忆，而是遗忘（主动遗忘），遗忘的形式是回避、拆毁、商业庸俗化、转向极少开启的个人记忆。

不难想象，如果基督教青年会旧址和那些慰安所一样，被改造为有大屠杀纪念性质的场所（一旦要将其恢复为历史记忆纪念建筑，这一创伤内核必将慎而重之地被打开，向观众展示），它或许早已被城市建设洪流悄悄吞没掉。它能够存活下来，看上去是因其略带历史感的艺术性在城市空间的塑造上尚有用武之地。但其建筑风格的特定指向也许更是此中关键——基督教青年会的特定身份，其中广泛的救赎含义正与此创伤内核相平衡。

七

虽然传自于美国，南京的基督教青年会却有着独立的普世意识。它以《圣经・新约・马可福音》第10章第45节的经文“非以役人，乃役于人”作为会训（意思就是不要由人服侍，而要服侍于人，以服务社会、造福人群为宗旨）。其工作纲领为发展德育、智育、体育、群育的“四育”，“以德育培养品性，智育启迪才能，体育锻炼精力，群育增进社会活动，发扬基督教倡导的奉献精神，培养青年的完全人格”[21]。在具体活动上，青年会也确实严格遵循其会训和纲领。

南京青年会最主要的社会工作为平民教育。1912年成立伊始，青年会即开办科学讲演启发民智。北美协会干事饶伯森（Clarence Hovey Robertson）

[21] 见南京基督教青年会官方网站及《基督教青年会在中国》第27页。

受邀进行的附带仪器（无线电、飞机、单轨铁道等）的科学讲演大受欢迎。一年多后，青年会创办求实日、夜学校，聘请教员分班上课，以辅导地方教育的不足。随后组织平民学校，开展扫除文盲活动。它在全市先后开办平民学校 80 余所，每学期平民学校的学生多达五六千人，成为全国开展平民教育规模最大、提倡最得力的城市青年会。1916 年青年会举办卫生展览大会，聘请中华卫生教育会毕德辉博士（William Wesley Peter）来南京，在展览大会上作卫生演讲。这次展览在南京卫生运动史上还是首创，相当轰动。

另外，青年会还积极参与组织接待从法国回国的华工，试办霞曙农村改进社（首创农村服务工作）以及开展赈灾救援活动。1949 年之后，青年会在开设业余文化学校（主要是外文教学）、夏令营和健身运动等方面仍然成绩显著，延续其一贯服务社会的思路。

这种面向社会的积极且不乏奉献意识的行动方式，恰是所有创伤之地的内在渴求。相比之下，那些单纯的创伤纪念场所（慰安所之类）难免覆灭的命运，常常在于缺乏这一向社会开放、创造新价值的正面维度。如果从纪念始，还以纪念为终，那么，历史的创伤内核所诱发出的记忆痛苦通常会使得主体无止尽地沉溺于过去，陷入自我迷恋的旋涡而无力自拔——屈辱、愤怒、仇恨，诸如此类。当这一不断扩张的痛苦无法遏止，最终对主体的存在造成困境的时候，或者说，当场所无法消化该痛苦之时，它就只剩下自我毁灭一途了。摆脱这一危险状况的出口，即是向未来开放，使自身成为联系过去和未来的纽带。“非以役人，乃役于人”并非简单的宗教训诫，实际上它和中国禅宗的某些教义很接近。在这里，它显示出新的意义——对自我感情迷恋（尤其是那些负面的部分）的主动舍弃，转向到一个更大的价值创造的系统之中。换句话说，它本是创伤之地，但也是拯救之所。

青年会的改建正走在这条拯救之路上。但是，它的方向有点偏转。也就是说，如果按照以拯救弥合创伤的逻辑，改建工作应该将此建筑转化为一个完全向公众和社会开放的服务性的空间。建筑外观并非第一位，其功能设置才是重点。它应该是一项不计回收的投资[22]，应该是这个商务区域里一块社会服务的净土（这就与改建模式类似的南京 1912 街区或上海新天地性质完全不同了）。就像当年的基督教青年会一样，它应该紧密地和平民教育、体育精神、危机救助、精神治疗、文化普及等公众道德的事务联系在一起，应该成为如同费正清所说的"中国社会改革的推动力……对中国政治和社会发展方面产生影响"。这样，创伤就不再是毁灭的理由，而是重生的动力。

当然，这只是个假设。土地产权的旁落和商业开发的竞争已经将这一可能性联合绞杀在摇篮中。它无法回到 70 年前，成为一个费正清所定义的拯救精神之所。尽管如此，拯救之路却没有就此打住。这已经固化为该场所的命运，超越了现实的符号秩序对它的诉求。正如我们所看到的，拯救的方向偏转到建筑上（就像基地的 8° 扭动），也即其物质性身体上。这是拯救之路在受阻时的本能表达——现在，迫在眉睫的是，最大限度地挽留场所的历史特征，以待将来所用。

八

至此，记忆必须退场，但是历史留了下来。不过，留下来的不是历史的实证内容，而是一个由历史转化而来的幻象。幻象，是这个现实裂口唯一能容纳的东西（除非彻底拆除，换上一幢全新的商务建筑）。现在来看，幻象已然成形。它就是改建计划预想的结果——那个自我封闭的能指自治体。项目完工之后，它将是个光鲜的、有着南京独有的民国风情的建筑。它像一幅画、一座雕塑那样安然立于街边，以供大家欣赏。

幻象的作用就在于此——以一种虚无的方式（功能休克）填补进现实符号秩序的间隙、缺口，以保证该秩序外表上的连续性。但是，历史如何成为幻象？

[22] 目前独立会所也是非盈利性质，这体现了该场所的某种自主需求。

这需要一系列复杂的操作。幸运的是，此处的幻象营造有一个现成的出发点——两扇红色铸铁窗和阳台。它们能够使历史回到某一原初景象上，即1937年之前青年会的模样。该原初景象本是激起记忆长河涓涓流动的源头，现在充当起幻象营造的模板。而且，它的功能不是记忆，而是遗忘，或者说是一种"遗忘式的回忆"。对它的美学重构，制造出从1937年到2010年间的时间短路——既剔除创伤内核，更连带着将场所的全部记忆一并抹掉。最后，历史被压缩成一个时间薄片，成为一个禁止入内的图像（幻象）。

基地8°扭动就是对这一遗忘式重构的专业配合。现在来看，以不相称的代价实施的基地的小小移动，是一个不可或缺的步骤。因为只有这样才能成功制造出一具全新的空壳。烦琐的技术操作真正清理掉的就是与大屠杀相关的记忆残片。那些火劫余生之墙将不复存在（这是对创伤记忆的最后清除）；替换了全部结构（这是对历史内容的抽离）；改变了所有的空间位置（只留下一个点保持不变，这真是饱含深意）；然后挑选出富含审美意味的基督教视觉符号进行重构。重构的结果不是历史的复制品，而是一副模拟的替身、一张美丽的面具。它将该场所严实地包裹起来，防止任何形式的侵入：因为其内部已经一无所有。

这将是一个无法接近的建筑。正如幻象，一旦进入，它会像气泡一样消失。不过，这也是它的存在方式——我们在失去它（无法进入、无法使用）的同时重新获得它（建筑尚在、历史尚存）。无论如何，青年会有机会再次走上它的拯救之路。

不过，我们尚不能断言，城市的历史结构在与新商业结构的对抗中赢下一局。这是一笔残酷的交易，历史以自我牺牲换回物质身体的局部留存，以主动的遗忘来延迟自身的毁灭。但是，事情并非就此完结。幻象只是对现实矛盾的暂时缓解，被压抑、抹掉、遗忘的历史记忆并非就此彻底离开，它们将以各种隐晦的方式回归，且干扰建筑主体与新的符号秩序的结合。当下青年会改建进程的犹豫和徘徊就是征兆。

这只是开端。项目刚刚进入初始阶段，诸般麻烦也才隐隐冒头。项目完工之后，这些麻烦不会就此消失，它们会转移到其他地方，制造出难以预见的难题。[23] 这些眼前或未来的困境，或许正是该建筑走上拯救之路的必然磨难。无论它成为高级会所或是其他什么建筑，都将承担着这一命运。

九

两种速度，两段历史[24]，两场角力。这既是历史遗传与商业侵袭之争，也是创伤内核与现实的符号秩序之战。在青年会这里，历史暂时占了点上风。一方面，其幻象式的存在，回应着环境的非历史化趋势[25]，等待拯救之门的打开；另一方面，创伤内核被唤醒，它延宕着改建的正常进行，在项目完工之后，它还将继续在符号秩序中制造麻烦，以各种方式凸显自己的存在。在银行总部大厦中，创伤内核被社会进步的动力（国际化、城市化、GDP之类）轻易驱散。它将历史踩在脚下，用金钱、时尚、现代生活来分割远未成形的记忆幼体——商业代码的这一轮布展还没有稳定下来。它对城市历史肌体的伤害程度尚无定数，就以不可辩驳的发展之名义，直奔未来而去。

不过，银行总部大厦的中国式加速度并非看上去的那样简单——为了建设现代化的南京而肆无忌惮地直线推进。一旦深加追溯，我们发现，这条加速线并不稳定。虽然其长度只有短短几年，但其中微妙转折不在基督教青年会的传奇之下。

[23] 就改建程序来说，该场所是内向的；就城市环境来说，它需要公开性。现代商务区本质上的开放性与流动性，与该建筑目前的封闭姿态格格不入，这一矛盾将在日后逐渐体现出来。

[24] 1937 年的创伤内核使得基督教青年会的拯救之路走得如此艰辛。与此同时，另一个创伤内核（1993 年）也在推动着银行总部大厦的快速营造。它们各自对应着两段毫不相干的历史：南京民国史和当代城市发展史，使得两段历史各自形成一个完整的循环——前者是将近 70 年后的改建，后者则为商务区的建设画上句号。

[25] 作为新街口的“副中心”，该城市轴心在 2003 年的总体规划中被定为“高层适度发展区”和“高层一般发展区”。它是南京的商贸中心区南延的最底线，也是高层管制的尽端。

这是一段活生生的当代史。它由若干人为计划与一些突发意外交织构成，各股社会能量束在这里相遇、撞击、合并、纠缠，使得速度出现各类变形——压缩、拉伸、停滞……它们的闪烁难测，印证着当下境况的不可确定性。尽管这只是一个微不足道的大楼建设，它也需要随时来调整自己的行进节奏以应对外部的瞬息万变。正如开篇谈及的从 2009 年年底开始的中国式速度，并非只为赶赶工期之类的寻常目的。它是之前一段怪异的时间停顿所导致的必然结果。这一停顿是“计划”之外的偶然事件，并不在旁观者（局外人）的视野之中。

2007 年年底，本地块（中华路 26 号）曾经拍卖成功。一年多后它在毫无预兆的情况下又重新拍卖。其中的变化是：容积率提高（从 4.25 到 5.3），建筑面积增加了 13 000 平方米，用地性质有所调整，由原本商住（酒店式公寓）转变为旅馆业。这一反常行为（地块在如此紧密的时间里重复拍卖，并非小事）其中的端详，我们当然难以获知，但这显然与短短几年中南京地产开发的风向变化有所关联。

地块第一次拍卖前两年（2006 年前后），南京的小户型酒店式公寓行情看涨，各种楼盘纷纷上市。其时，中华路一带商住建筑短缺，正是小户型酒店公寓的热点地区。2007 年年底 26 号地块拍卖，用地性质里列有酒店式公寓一条，显然是迎合时事之举。[26] 不料，两年之后，风头突转。2009 年年底南京市出台了两项政策，官方首次将酒店式公寓和普通住宅区别开；在 2010 年南京房产新政中，酒店式公寓还被排除在普通住宅之外。[27] 新政一出，南京的房产市场迅速作出反应，一家以酒店式公寓为主的楼盘开盘

[26] 公告中还强调“酒店式公寓的面积不得超过地上建筑总面积的 30%”，这意味着酒店式公寓的总面积相当可观，将超过 1 万平方米。该项目有可能上市 200 套以上的酒店式公寓项目，开发商无疑会从中大大获利。

[27] 对于购房者，这意味着将来在出售时要承担比普通住宅多得多的税费，购房者所承担的契税也不能享受到政府补贴。此外在申请贷款时，首付必须达到 50%，且不能申请公积金贷款。这必然引起购房者的重新判断。这些新规定的出台，给酒店式公寓的前景带来实质性的影响。

江苏银行总部大厦项目规划方案批前公示

一、项目概况

江苏银行总部大厦项目位于南京市白下区中华路26号，是集金融交易市场、金融网点、金融办公及内部培训为一体的综合性项目，被列为2009年南京市重点建设项目。项目占地面积12730.7平方米，用地性质为商业、金融保险业、商务办公、旅馆业用地，建筑高度≤160米，容积率5.3，拟建地上建筑面积约为65000平方米，地下四层可建面积约为38000平方米。

根据南京市规划局的相关规定，现进行总图批前公示，在公示期间如有意见和建议，请与我公司联系。

二、公示地点：

1、建设现场：中华路26号

2、市规划建设展览馆（玄武门）一楼规划公示厅

3、市规划局网站（www.njghj.gov.cn）

三、公示时间：2009年11月9日—2009年11月15日（7天）

四、联系人：陈湘明　　联系电话：52251013

五、公示单位：江苏银行股份有限公司

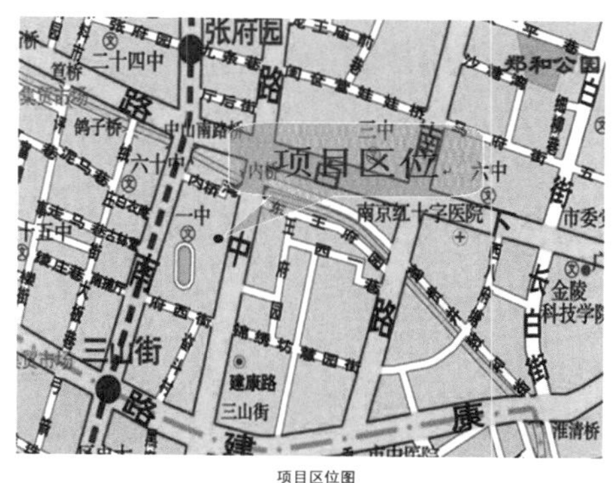

项目区位图

江苏银行总部大厦项目公示

即遭滑铁卢。26 号地块的重新拍卖中关于用地性质的重大调整（修改了三分之一的使用功能），无疑是在即将蒙受巨大损失之前的紧急救火措施。二次拍卖后的项目实施细则中，大楼为“银行总部办公及配套，系统内部培训，金融交易市场，国际会议，营业网点等”功能的综合体，商住内容（以及旅馆业）全部撤掉。

在这一轮急刹车式的重复拍卖中，现实的褶皱已然形成。似乎在弥补所耽搁的时间（一年多），设计与建造的正常程序被粗野地搅合在一起。整个工地好像跨上一列急驰的列车，报复式地向前狂奔，把不和谐的因素全都甩在脑后。

或许在印证（考验？）这一非常规的速度，大厦基础工程刚刚开始，便在工地 2 米深处挖出了一段宋代的砖铺路面。[28] 考古人员足足花了两个月时间清理出的这条青砖路宽 3 米多，长 15 米左右，呈清晰的东西走向。青砖的排列规整漂亮，拼为近似于菱形的"回"字形图案。整个路面呈拱形，道路中央的高度稍高，两侧还各有一条用细砖砌成的 5 厘米宽的排水路沟，表现出排水处理的意识。这条青砖路的历史价值毋庸置疑，它是南京同时代同类遗址中的首度发现，对于研究南唐及宋代该地区的建筑格局显然意义重大。经过"多次沟通"，建设方同意把这处宋代遗存保留下来，进行原址保护。初步设想是，截取保存最完整的一段路面（长 4 米多、宽 3 米多）整体打包移走。因为青砖路所处的位置将来会是办公楼区域的花园或绿化带，所以待工程结束之后，再将青砖路搬回原址，"作为下沉式景观进行展示性保护，形成一处独特的城市文化景观"[29]。

这类施工意外在南京城里已经司空见惯。[30] 但是专家们在此作出的迅速反应却堪称典范。尽管挖出考古价值颇大的历史遗存，工程进度却未受太大影响。专家们和工程方第一时间内给出应对方案，恰当完美地将这一意外变故包容进项目之中。它既体现出对历史的重视，又能转古为新，使之具有时效性——历史标本以景观雕塑的形式被纳入商务区的空间营造系统。在这里，商业代码的布展，表现出对于历史信息的圆熟处理：历史以最快的速度被吸收，成为现实的符号秩序的有机单元。整个过程精巧、快速，无懈可击。当然，一个几乎被忽略掉的事实是，在此，历史城市的结构遗

[28] 26 号工地属于南京地下文物重点保护区中的南唐宫城及御道区。在南唐时期，内桥以南（也就是现在的中华路）的御道两侧是朝廷的衙署区，到了南宋，南唐宫城成为南宋行宫，而御道两侧的官府建筑也依然在使用。专家认为，从位置和路面宽度来看，这次发现的青砖路应该是御道西侧衙署建筑间的小路。

[29] 见 http://press.idoican.com.cn/detail/articles/20090820093B64/

[30] 2007 年在附近的内桥北侧王府园工地上挖掘出一处宋代遗址，根据遗址的规模以及相关史料记载，这里是南宋南京最高政权机构——建康府治遗址。

青砖古道路排水设施齐全

迹还未开始正式得以研究，就已被抹去。这条青砖路当然远远不止这 4 米长的切片，它所暗示的城市古道、古轴线、古结构才是其本体所在，才是我们还原历史、研究历史的真正对象。[31] 它们甫见天日，就再度被不可阻挡的现代化大楼压在地下。

历史向我们开启其记忆功能的欲望又一次被遏止。它原本可以成为历史进入公众城市生活的一个绝好机会，就像明城墙或者古罗马的那些广场遗址。南京本是个叠压式城市（和罗马一样），这一区域（内桥南北）更是历朝中央官署区的密集之地。所以，此处挖掘出的断层如同“千层糕”，显露出来的是城市内核的历史切面和复杂经络。而且，这一垂直向度的切面浓缩了从三国至明朝若干时期的政治结构与物质形态的对应关系，其中包含着丰富的、有待深入研究的细节。另外，一旦将该断层在水平方向充分展现出来（它远远不止 15 米），北望建康府治遗址，东接御道东界，这将形成一个大型

[31] 目前发掘面积有限，出土道路的长度是 15 米。但可以肯定的是，这条青砖路仍有一部分掩埋在地下，分别向东（中华路）、西（南京一中校园）两侧延伸。两年前考古工作已经弄清了南唐御道的东界位置，而此次发现的青砖路东段当年也应该与御道交叉，如果能找到这个西侧的交叉点，整个御道的宽度就清楚了。从目前掌握的线索看，南唐时期的御道应该比现在的中华路宽得多。另外专家认为，该次挖掘还能进一步弄清御道两旁官署区的分布，并且由于地处城南，还可以考察大量的六朝遗迹。

的古城景观。六朝古都的地上建筑早已荡然无存，但是地下形貌却近在咫尺。我们可以走下这 2 米深处，踏着青砖，沿着路面缓步行走，想象千年前的古城风貌，感受与古人共同生活的滋味。

这本是此块遗址应该发挥出的作用。青砖路面正是时代脊骨中的一节，是我们追索历史宏大叙事的重要开端。它不应像现在这样被截出一个片段，罩上玻璃盒，放在高楼环抱的中庭间，成为一个纯粹的装饰品。

无论这块 4 米长的青砖路面保存得多么完好，它仍和那些一同出土的六朝、明代的瓷器性质不同。与之相比，青砖路有着更为深远的意义。它从属于历史的原始结构，是古代城市的基本标点，是公共活动的固定界面。它铺展开的是一幅巨大的社会历史空间，而非仅供研究观赏之用。其不可替代之处是空间位置的唯一性、功能性，以及服务性——换言之，它属于所有人。虽然现在的计划是在工程完工后将其放在 GPS 定位的位置上，但是它已经离开了本来的场所，与原始结构脱钩。就像青砖路面被提高 2 米，在此，历史也被微妙地提升到艺术的层面上，作为艺术品小心翼翼地展示出来。

十一

就像基督教青年会，在银行总部大厦这里，历史也被压缩成一片幻象，维系着现实的符号秩序暂时的平衡和表面的连续性。当然，创伤内核的差异，也使得幻象的存在方式有所不同。

对银行大厦来说，其创伤正在进行中，历史的清算之日还是个未来时。所以这里大体延续了南京的叠压式城市传统——商业代码将历史踩在脚下。与此同时，它也对其小有补偿（青砖路面被郑重奉为“艺术品”）。这是一个清晰的二分结构：现代建筑为主体，历史“艺术”为装饰。这也正是该幻象的标准形式：现代风格的生活，古代雅趣的品味。

对青年会来说，创伤已成过去，当下的改建正处在历史结算当口。建筑以翻新的仿旧表皮包裹现实的虚无功能，这是一个相当模糊的结构——也是幻象的表现结构。它能有效地填补现实的断裂口，延缓某种（创伤与场所的符号化趋势之间的）初始矛盾的爆发。但是，这是暂时性的。创伤虽被这一幻象阻隔，并不在场，却仍以各种隐性回归的方式干扰主体、建筑、环境之间的关系，延迟着三者的结合。可见，幻象本身的展开也并不轻松，不及银行大厦的幻象运行得便捷有效。

当然，与 1937 年的大屠杀相比，银行大厦的创伤远非那么深重。它对历史结构的破坏是一种无主体的创伤：发生在地下，只为小圈子的专家们所知，并且直接从遗址现场转移到博物馆、研究所等禁地，没有对公众的日常生活造成直接影响。这也是商业代码能够轻易覆盖整个过程的原因之一。

不过，银行大厦的加速推进似乎本该简单易行（商业动力巨大、创伤阻力微弱），与青年会的由创伤主导的慢速龟行恰成对照、相互均衡。但实际情况是，开工至今，两者都陷入莫名的尴尬境地，各怀苦衷。青年会的改建计划申报滞留在相关部门处迟迟得不到回复，前景极不明朗——这速度也未免慢得过了头。相比之下，银行大厦有更多难言之隐：地块二次拍卖的时间褶皱和土建与设计过程强行混和的冲抵，已经让人揣测多多，横插一足的青砖古道更像个恶作剧（似乎在嘲笑这一速度的荒诞）。确实，若以速度来描绘工程状况，这里其实已是乱麻一片。

环顾左右，我们会发现，外表平静、内潮涌动的并非只有 26 号地块。它的混乱状况显然也早已不是这 12 730.7 平方米方圆之地的自家事。我们不应忘记，中华路 26 号不只是南京古轴线的端点，它还是被称为“南京之根”的“老城南”[32]的前哨站，是进入这一庞大的历史街区的门户。

[32] 运渎河自东向西横贯南京，以内桥为出发点的中轴线直到南门，在东、西、南三面直至城墙，这片处于秦淮两岸的面积约 5 平方公里的古城区，在今天被称为“老城南”。六朝以后居民基本上长期居住于此。南京的古都文化主要有三个组成部分：一是宫廷文化，皇家陵寝，其重点在城东、城中；二是精英文化，就是政治、军事、经济、文化艺术等方面的代表人物；三是市井文化。后两者集中在城南。

那么，这一 5 平方公里的历史街区到底发生过什么？它对中华路 26 号产生了什么影响，使得这一正常的城市建造活动出现如此多复杂暧昧的褶皱和阴影区域？

《南都周刊》的“老城南”专题

我们应该回到四年前。2006 年，这是一个有着特殊含义的时间。它既是中华路 26 号项目的起点，也是咫尺之遥的“城南拆事”的开端——它动摇了整个南京城的结构，搅起的风波上达中央。如果按照前文所述（这里的对抗是整个南京城的对抗），那么 26 号不仅包含了地上、地下之战，1937 年的创伤内核与现实的符号秩序之战，它还和“老城南保卫战”暗通款曲。一旦恢复了这个奇特的氛围，对于青年会我们所获得的关于历史（它是为了遗忘）、关于创伤内核（它必将不在场）的理解，在整个项目上都会得到新的印证。这里的创伤内核不只是 1937 年的大屠杀，1993 年的“建设国际性大都市”，还有围绕左右的“老城区改造”。这里的历史也不只是民国史、高层建筑发展史、现代规划史、六朝史，它还是近在眼前的“历史文化名城保护史”——创伤性的当代史。[33] 正是它使整个城南（包括中华路 26 号）成为创伤之场，陷入速度的癫狂。

十二

1983 年 11 月，南京市政府提出了“城市建设要实行改造老城区和开发新城区为主”的方针，拉开了老城改造的序幕。1990 年代以来，随着房地产热潮、土地有偿使用、国企改革、住房制度改革等因素的出现，大规模的旧城更新风云再起。1993 年出台的“在主城建设 100 幢高层建筑”的政策和“老城区改造”遥相呼应，开始对城南民居有计划的、逐步的蚕食。[34]

[33] 南京博物院前院长梁白泉认为，城南的破坏可与南京史上三大劫难相提并论。

[34] 1990 年代，随着集庆门的开辟和中华路、新中山南路的拓宽，夫子庙周围的大小石坝街等均以拓宽道路为名被毁于一旦。到了 2003 年，90% 的南京老城已被改造。

2006年，在“十一五”规划和新一轮城市建设的刺激下，城南的历史街区遭受了“地毯式摧毁”。[35] 数以千计的江南穿堂式古民居短短几年内被抹平。2009年春节后，“危旧房改造计划”启动，古城里残存的几片古旧街区（总面积200万平方米）被列入拆迁计划，并且由原计划的两年压缩为一年完成。2010年8月，江苏省人大批准《南京市历史文化名城保护条例》，南京古城的“整体保护”进入法制轨道，宣告了城南拆事的终结。

2010年11月最新一轮保护规划出炉，获得众口赞誉。这场“注定失败的战争”似乎活转过来。[36] 但98条老街巷的命运已然改变，创伤已是现实。

这是现在时的创伤。它对环境的影响不在于物质空间的破坏程度——改变了城市天际线、损毁文物古迹、更改古城传统格局、清洗历史记忆，诸如此类；而在于创伤主体的出现。换言之，这是一种主体性的创伤。新保护规划中提出的“敬畏历史、敬畏文化、敬畏先人”方针貌似周全，相对之前的大拆大建的规划思路有着巨大的改变，但仍遗漏了一个最应该“敬畏”的对象——原住民。他们是2006年以来的创伤的真正承受者。

遗漏，是对该创伤主体（也是记忆主体）的故意遗忘。新规划中对已拆除街巷逐段恢复为“原样”，鼓励原住民回迁，固然令人欣喜，但是对于那些已成空白的地块，这无疑是纸上谈兵。在对历史的道德反省面前，创伤内核仍遭屏蔽。说起来，这与基督教青年会的状况略有相似：都有明确的创伤主体；现实的符号秩序都在借改建或发展之名清除这一创伤内核，以完成对旧有建筑的符号再造。更重要的一点是，主体性的创伤改变了场所的记忆形式和内容。最终，记忆归属于现实的符号秩序：它致力于建构客观的、连贯的记忆统一体，以知识化、进入教科书、以历史之名成为文化遗产为

[35] 2006年，安品街、大辉复巷、颜料坊、船板巷、门东（C地块西段）、内秦淮（甘露桥—镇淮桥）被拆毁。2007年至2008年拆毁内秦淮（上浮桥—西水关）、莲子营、旧王府。2009年，仓巷文物建筑群被拆毁，南捕厅正在拆除，其东部已于2006至2008年被拆毁；门东（C地块东段、D地块）和教敷营居民正被腾空，即将决定拆除范围。所谓的“南京之根”老城南已经所剩无几。

[36] 规划中已经确定强拆终止、别墅停建，且保护原住民、鼓励回迁。尚未拆除的老宅、老厂房予以保留，重新组合成“博物馆”，有的改为居民住宅楼，原住民可以回迁居住。

老城南肌理

城南拆事

最终指向。正如本雅明所言，所谓的“文化财富”，它是历史上的胜利者的战利品。在此记忆统一体（或本雅明所说的胜利者的历史）之中，主体的创伤被排除在外，回忆只属私有，两者不相兼容。在基督教青年会，集体创伤的在场轻易摧毁了这座古城积累千年的记忆金字塔——王族生活、政治宏图、经济盛世的三位一体。而在此我们则看到，六朝以来委婉动人的尘世生活（乌衣巷、秦淮河、“青砖小瓦马头墙、回廊挂落花格窗”……），被个人痛苦挤对在一旁。“双拆”、外迁安置、227 号令等是他们这四年来的主要回忆内容。尽管这部分记忆已随原住民的外迁而陷入沉默，但是这片记忆之场已成创伤之场。

从 2006 年到 2010 年，这短短四年是老城南千年历史中的独特一段。拆迁之事的来源千头万绪，难以厘清。但就结果来看，它在城南所制造的密密麻麻的创伤点，和 1937 年的烈火之轴中华路相叠合，共同构成一幅创伤地图。在这幅地图中，历史不是被伤害的物质对象，比如银行大厦底下的六朝古道，或者那些被拆除的明清街巷。它是一种现在的时间，其功能在于记录创伤，而非充当浪漫的记忆对象——一般情况下，历史总是有选择地置换成连贯的抒情意象或文化符号，比如整个城南常常被“秦淮风光带”

一言以蔽之。作为创伤的历史，是现在的时间，它记录的是在历史中失败的、被拒绝的事物。它使时间流（大历史的编撰）停顿下来，尴尬地卡在某个地方。这就是创伤内核的存在位置——那些私人痛苦中断了现实的符号秩序所迷恋的连续性，它无法化约为其中的一部分，永远处于现在时。这里，时间是不可历史化的时间。它中止于个人记忆。

通常情况下，创伤的承受者（那些 1937 年的受难者，或者 2006 年的外迁安置者）很快就会消失。在新的符号秩序覆盖整个区域之后，他们将被彻底遗忘。但是，不在场的创伤内核总是潜在地发生作用。基督教青年会，历史重写之路的漫长艰辛就是其反映。在城南，创伤内核的作用还未充分显现——因为创伤还在进行中，但是诸多不和谐之音在我们视线之外已然出现。

颜料坊是 2006 年城南拆事的创伤地之一。81 000 平方米的历史街区被拆得白地一片，只剩“牛市 64 号”和“云章公所”。现在虽然拆迁活动已告终结，这两座房子可保无恙，但是由于它们所处位置的特殊（分别位于这一街区东、西部分的中心位置），所以后续的建设麻烦不已。街区东北地块拟建一个大型的购物广场，“云章公所”的存在如骨鲠在喉，使之无法形成一个完整的统一空间（只能采用 L 形，别扭地绕开这一小房子，方案已经进行多轮修改，

26 号地块拆迁现场

尚无定数）。靠内秦淮河的一边拟建别墅区，按新的规划要求，新建别墅不得高于"牛市 64 号"，即必须低于 8 米。不难想象，在未来项目结束之时，这一残存的清代旧宅卓然身处现代别墅群中，必然相当古怪。而全新打造的新士绅阶层与普通低收入市民共享这一高档社区，气氛之尴尬也是显而易见。

无论是现代别墅区、购物广场，还是其他什么建筑，它们和该场地的两个剩余物（牛市 64 号与云章公所）之间所形成的关系，非常类似于中华路 26 号——空间上的环伺结构尤为相近。两个地块中，被伤害的历史都是以艺术（或文化）之名保留下来，进入主体和场所之间新的组合模式，并且其中残存的建筑都成为创伤回忆的容器，等待着它们的下一次回返。

十三

中华路 26 号—中华路—城南，我们已追溯出一个愈加庞大的系统。在此，创伤之点延伸为创伤之轴，再扩展为创伤之场，最后形成创伤之城。说起来，这座古城似乎具有一种生产创伤的内在机制。它旁若无人地自行运转，比如 1937 年的大屠杀记忆在 70 年后被一次毫不相干的地产开发偶然性地回溯，与此同时，百米之遥出现新一轮创伤实践。此起彼伏，仿佛这幅创伤地图没有尽头。

基督教青年会旧址建筑，2013 年

基督教青年会旧址建筑，2013 年

对“大他者”（借用一个精神分析的术语，即现实的符号秩序）来说，创伤地图并不存在。在其一遍遍的清洗之下，这张地图的结构（关系）被溶化，分解成若干彼此无关的记忆碎片。它们或逐渐远去，成为凄美的历史回响；或被整合进意识形态计划，成为利益交换的筹码。它们分摊开，重组进大他者营造出的幻象之中。当然，正如我们所见，这一幻象很脆弱。记忆虽容易驱散，但是创伤内核却滞留不去。一旦被触碰，它便不可阻止地重回人间。其恶作剧式的显现方式，搅起层层波澜，使完美的幻象千疮百孔，充满令人费解的荒诞。中华路 26 号就是这样一个荒诞之地。如果说幻象即现实，那么在此，现实是可理解的。穿过它平静的假面，沿着那些速度乱线，我们能够抵达深埋地下的创伤地图。在图上，不同创伤点之间的联系逐渐显影，过去与现在、历史与当下的距离宛然可见。在图上，中华路 26 号这个平凡的工地、荒诞的场所，焕发出异样的光彩。它成了一个本雅明所说的“历史的星座”，“自己的时代与一个确定的过去时代一道形成的（历史星座）”。[37] 这里，“过去的意象”（本雅明语）没有消失，它们一同出现在我们的眼前。

2010 年 9 月，中华路 26 号寂静无声。江苏银行总部大厦的基础部分刚刚完工，本应同步进行的基督教青年会旧址建筑还未有动作（项目申报至今未有下文）。看来，这一切才刚刚开始。

补记：

本文完成于 2010 年 9 月。2013 年初，笔者再到中华路 26 号施工现场，看到江苏银行总部大厦主体部分已接近完工，基督教青年会旧址建筑依然如故。2013 年 6 月，该旧址建筑在沉默了 3 年之后有了新动向——该建筑的 3000 多吨的地面主体将被“打包”加固后向西平移 37 米，在原址处修建一个四层的地下室，待完工后，主体建筑再平移原处，工程费用约 500 万元。

[37] 汉娜·阿伦特编．启迪：本雅明文选．张旭东，王斑，译．北京：生活·读书·新知三联书店，2008：276．

作为受虐狂的环境

当体育大厦成为妇产医院

2005 年 10 月，南京水西门外南湖边，面对南湖公园平静的湖水，一栋橙红色的高层建筑——建邺区体育大厦（又名“南湖社区体育中心”）拔地而起。这个房子共 9 层、46.5 米高，相对于周边一排排五六层高的旧式居民楼，它高出一大截，颇有鹤立鸡群的味道。蔚蓝的天空下，橙红色的外立面分外耀眼，搭配着侧立面银光闪闪的金属穿孔板，时代感十足。项目完工之后，甲方（建邺区区政府）很满意，遂令将其相邻的几个或大或小的房子（南湖中学的教学楼、办公楼、体育馆，以及一栋靠街的四层小楼房）的外表皮全部刷成同样的橙红色。从湖边看过来，这里仿佛一片欢乐的红色海洋。

就设计而言，这是一座优秀的建筑。[1] 底层平面几乎撑满规划红线，没有一点浪费，也顺便确定了建筑的大体轮廓和东西的朝向。形式很简单：一

[1] 该项目的设计周期从 2004 年 9 月开始，由于必须赶在“十运会”召开之前完工，同年 12 月，全部设计图纸便已完成。2005 年年初开始施工，同年 10 月竣工交付使用，整个工程造价为 2 000 万元人民币。建筑基底面积为 1 100 平方米，总建筑面积为 10 000 平方米，总高度 46.5 米，为一类建筑。设计合理使用年限为 50 年，屋面防水等级为 II 级，耐火等级为一级，抗震设防烈度为 7 度。

个规整矩形，各层平面的服务空间（楼梯、厕所和空调设备）放置在南北向的两端，中间部分全部作使用空间。体育大厦的功能比较复杂，因为不同的运动需要不同层高的空间相匹配。建筑师的处理直接有效：将一项项功能竖向叠上去，一层是门厅和体育商店（5.4 米高），二层是办公（3.6 米高），三层至七层是各类活动用房（4.5 米高），八层是乒乓球馆（6 米高），最高的九层是羽毛球练习馆（9 米高）。每一层的平面相同，但层高不一，各项功能要求各得其所。这正好使得外立面的开窗产生相应的变化，从上到下窗高逐渐变小，窗面渐次增加，开窗位置相互交错，形成一个自然的递进节奏。东西侧面覆盖上穿孔金属板，遮住空调和辅助用房。

建筑采用了普通的钢筋混凝土框架结构，交通核为筒体结构。外立面是橙红色涂料，窗洞上下的墙向内凹进，施以黄色涂料，与橙红色的主色调形成对比。总体来说，这个房子造价低廉，功能一目了然，形式生成顺畅（从平面到剖面再到立面，外部的视觉感由内部的功能组织来推动），是一个“价廉物美”的建筑。甲方夸张的接受方式（把周边房子全体染红），证明了它是一次不折不扣的成功。

从体育大厦到妇产医院

在设计者张雷心中，这个房子也是一个成功案例。它是其“基本建筑”理念的完美演示。[2] 西方的理性逻辑如何落地中国，这是整整两代本土建筑师们共同的命题。“基本建筑”理论是一种尝试。“基本”，既指设计上的理性基础，又指本土的现实条件。其要点不在协调两者之间的冲突和矛盾，而是在现实语境中寻找、挖掘其内含的逻辑性，使之成为设计的起点。当逻辑浮现出来，设计就走上应有的程序——形式思考贴合进来，直至融为一体。“基本建筑”并不将设计条件的先天不足（粗糙的施工、低造价、复杂的观念环境，等等）当作有待克服的问题，也未避重就轻、绕道而行；相反，现实的不确定性反而是形式生成的动力、灵感产生的源泉、催生理性逻辑的沃土。对于“基本建筑”，张雷已有多年摸索，体育大厦是一个自然的结果。

建筑刚刚完成时，张雷难掩钟爱之情。他将精致的木制模型放在南京大学建筑研究所 [3] 设计教室的电梯入口处作为雕塑展示，也作为学生的“示范教材”。它在各类刊物上发表，并收入 2006 年出版的《domus+ 中国建筑师 / 设计师 78》大开本巨册的“张雷”条目下，以之为最新的代表作。

两年之后（2008 年），体育大厦被改造成一所高规格（五星级）的私营妇产医院——华世佳宝妇产医院。

按道理，这一改造很棘手——体育大厦与妇产医院是两种完全不同的建筑类型，功能要求与空间要求大相径庭，且都颇为严格。但实际上改造完成得很顺利。业主将其委托给南京大舟设计顾问有限责任公司（简称“大舟”），该公司的设计师认为，这个改造项目很容易操作。体育大厦在去掉原先的功能后，留下了一个极有弹性的空间“容器”，原有的比例、尺度、网格系统并不难适应新的功能。首先，医院设计的层高要求与体育大厦的层高渐变设计不谋而合，原先三至八层较高的层高恰好可满足手术室等“高层高”

[2] 参见：张雷．基本建筑．北京：中国建筑工业出版社，2004．在书的序言中，美国建筑师霍尔写道：“张雷的作品以简洁的几何性和均衡的比例见长。”在体育大厦的作品简介中，张雷写道：“体育大厦由不同的剖面高度开始，精确的图像控制最终使得极端的外表面几何逻辑关系和相应层面特定活动内容成为指向一致的合理操作，从而形成合理独特的竖向立面肌理。”

[3] 南京大学建筑研究所现为南京大学建筑与城市规划学院。

基地鸟瞰

的特殊要求。其次，服务与被服务空间的设计、3米 ×3米的通用模数让妇产医院的平面设计变得简单易行。最后，医院设计常用的双廊式布局与尺度要求，稍加调整即可与体育大厦的平面相合。在大舟的设计师看来，这个框架结构的方盒子“非常好用”[4]。

妇产医院的繁杂功能被一股脑地塞进这个红色体块里，[5] 唯一较大的功能调整是垂直交通。体育大厦原有的垂直交通核不够用，设计师在平面中间加入两部医用电梯以解决交通与洁污分流的问题。建筑的外观没有多少改变，仅重新设计了入口并将其从东面移到临街的西面。项目之初，“大舟”曾提出重新设计外观的方案。经过讨论，业主、政府以及设计师均认为原有外观已经很好，不必再动干戈。远远看去，红色的大楼依然如故，与两年前落成时几乎一样。

或者说，它变得更好了。改造后，华世佳宝妇产医院的运行很顺畅。2009年，为了通过 JCI 认证，医院进行了一系列调整，除了运营方面的改善之外，还包括建筑面积的扩张：加建第七层（VIP 病房、新生儿游泳室）与第八层（孕妇学校、新生儿游泳室、感控科、病案室、多功能厅），使医院功能更加完善。2010 年 12 月 17 日，华世佳宝妇产医院通过了国际 JCI 认证（江苏省唯一一家），并纳入欧美发达国家医疗考核标准体系。这从侧面肯定了改造的成效。

---

[4] 参见刘玮对大舟建筑师的未公开访谈记录。

[5] 首层是挂号收费、药房和放射科等，二层是妇产孕科门诊和部分医技功能（检验科、B 超室、心电图室），三层为计划生育科（门诊与手术室）、新生儿科和内外科等，四层为产房和手术室（专门供生产使用），五层和六层为病房。供应科和办公室放在辅楼。

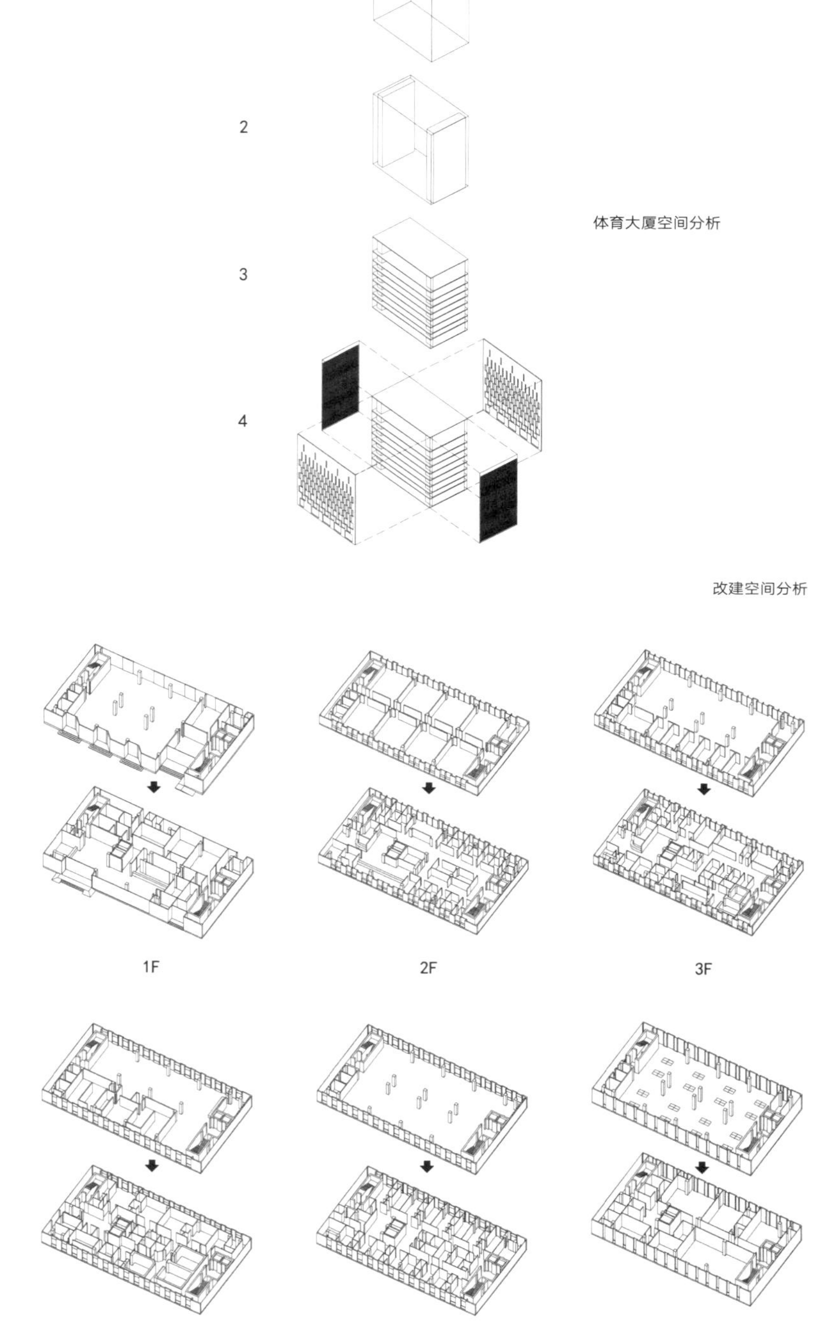

体育大厦空间分析

改建空间分析

不过，成功亦有其代价——建筑师丧失了对建筑的署名权。改造完成后，这个房子被张雷从其作品目录中删除，不再出现在媒体（杂志专题、作品集）上[6]，甚至从此不愿提及。换言之，它不再属于他了。

近些年来，“新建筑改造”已成常见的城市状态。特别在当下的中国，快速更迭的城市化进程，使得时间控制着空间的塑造。新建筑的适应期越来越短，它一旦不能与场地、环境、城市生活即时融合，便面临着改建甚至是拆除重建的窘境。即使是名家之作，也难逃这一残酷的命运。[7]

新建筑改造与我们熟悉的旧建筑改造大为不同。后者的重点在于，旧建筑虽然寿限已到，但是它还保留着某些美学或历史价值，这些价值还为环境所需要。改造是对这些价值进行再生产：重塑其符号意义，复活其符号生命，技术性地延续已然衰朽的物质身体，使其继续服务于环境。相比之下，新建筑改造基本上不涉及美学之类的价值考量，它更接近于对一个刚完成的建筑进行重新设计。它是一次匆忙的调整，强行的修正，突发性的扭转。改造的原因多种多样，大多与利益相关。利字当头（体育大厦正是因为运营不畅成为区政府的财政负担而被改建），美学上的考虑常被置后，甚至不予考虑。这是一种脱离常规的设计，属性难以确定。它既不算新设计，又不算正常改建设计。这也为之带来某种暧昧的色调——它暗含着对项目初始的立项环节的否定。并不让人意外的，项目的局内人（前后阶段的设计师、甲方、院方），都对其态度含混、言之谨慎。似乎这是一件大家心知肚明，但也不宜宣之于口的事情。

[6] 在2008年12月《a+u中文版》第020期“张雷专辑”、2011年《世界建筑》第250期“张雷—材料意志”专辑，以及2012年出版的《当代建筑师系列：张雷》作品集中，该建筑均未被收入。

[7] 近年国内“名建筑”的改造工程屡见不鲜。日本建筑师矶崎新在上海的作品几乎均被改造。九间堂会馆是九间堂别墅区的高级会所，曾风靡一时，但仅四年后就被上海证大集团改造成为无极书院，一所私营的教育机构。王澍的代表作宁波美术馆在竣工两年后，侧翼建筑被改造成一家咖啡馆。众多媒体发文谴责，王澍得知后表示非常痛心，也感到无奈。2012年王澍获普利兹克奖后，网友及媒体的谴责终于惊动了宁波市规划局，规划局表示将对“改造”进行查处。宁波美术馆恢复原貌。

体育大厦室内

改建后的室内

体育大厦模型

从南湖公园看妇产医院

不管怎样，多方评估下，体育大厦的改建尚属成功。建筑摆脱了"烂尾"的危险，走上新的生存之路。虽然它褪去明星光环，淡出专业观众的视野，不再可能重登媒体舞台——一言以蔽之，失去了"作品"的身份，但与此同时，它也避开了身陷新建筑"废墟化"的泥潭[8]。这种危险并不少见，比如荷兰MVRDV小组的名作——汉诺威世博会荷兰馆，十年前它刚落成时风光无限，俨然是"绿色建筑"未来方向的指南针，但数年之后便遭废弃，至今不能启用。体育大厦能够适时变换角色，重新进入市民的日常生活，成为城市机体的活性成分，无疑是幸运的。

即使是对原设计者张雷，这一创伤经验也非那么绝对。"基本建筑"理念留下的方盒子，一个高效的弹性空间，在后续的改造阶段中仍然发挥着重要的作用。它将一个难度颇大的类型转变的问题轻松化解，为建筑适应新的功能赢得宝贵的时间。所以，改造的顺利、新阶段使用的顺利，亦是对"基

[8] 在当下的中国，新建即成"废墟"之势态已经扩大到城市领域。比如近来颇受关注与批评的"鬼城"现象——鬼城蔓延，新城即成鬼域。粗略估计，中国现在已有12座"鬼城"。

本建筑”理念的曲折肯定。不难想见，如果体育大厦采用的是附近那些同时出现的新建筑（一湖之隔的“南湖新天地”商业街，不远处的“西祠街区”）的浮华手法——体块变化多端、色彩对比炫目，多余的框架作为装饰，又或者是 MVRDV 小组的荷兰馆之类的时尚“informal”路线，它与妇产医院的严苛功能必将需要漫长的磨合期。对于建筑来说，噩梦还不知何时能结束。

不知不觉中，妇产医院已重新融入环境。在俨然一座小城市的南湖新村里，一个房子的内部改造只是细雨微澜，并不引人注意。即使从旁路过，也很难有所察觉。如果不是两年前那一场意气风发的“涂红”之举，它必然会像当事人期待的那样，悄然消失于大家的记忆。现在从湖边看过来，红色的房子一圈排开，欢乐依旧，热情不减。只是 46 米高的房顶上那排大字“南湖社区体育中心”换成“华世佳宝妇产医院”。这一改变虽然微弱，却扭转了整个场所的气氛——它暗示着，这片红色已是多余，因为其中心已经变质。当下它存在的意义，似乎只在于向我们证明两年前那一激情动作的无意义。

实际上，那片红色的海洋与张雷无关，甚至体育大厦的红色也是如此。2004 年设计伊始，张雷打算在外立面使用素混凝土材质，以强调建筑的平民品质。这一做法被甲方驳回，理由是素混凝土过于晦暗，这个建筑应该有一个醒目的外表，最好是炫目的玻璃幕墙。张雷以技术为据说服了甲方：体育大厦为东西朝向，大面积玻璃幕墙不符合节能的要求，而且与内部功能相矛盾。两厢妥协之下，最终素混凝土外墙刷上一层与南湖中学的田径跑道颜色一样的橙红色涂料，以强调建筑所需要的标志性。而“涂红”工程从点到面，从一个房子到一片区域，更是超出建筑师的想象与控制，纯然是“大他者”（big other，借用一个精神分析的术语，也即甲方、区政府）执意所为的结果。

环顾四周，2005 年这场荒诞的游戏其实并非心血来潮。它不是建筑的一次虚华的自我表演，或是破败环境（南湖中学）受其刺激之后的歇斯底里症发作；它是有着明确目的的功能性操作，是整个南湖景观区更新计划的一部分。

紧邻的南湖公园的规划设计和体育大厦同期启动。2003 年，区政府投入 1.4 亿元资金，邀请加拿大泛太平洋设计有限公司对其进行彻底改造。[9]2005 年 1 月，修葺一新的南湖公园（生态化的城市湿地公园）向社会开放。湖北面的商业街"南湖新天地"也随即开工，2009 年建成，完成对南湖景观的合围之势——原体育大厦的"红色"片区在其西侧。

当然，南湖景观区的整治，也非独立的点式环境治理行动。一旦将视角拉高，就会发现，它还是大他者（区政府、市政府）的系列符号布展中的一环。这一符号布展从 2003 年开始，深思熟虑，规模浩大，将整个南湖新村都卷入其中。

符号的失效

南湖新村是一个巨型住宅区。[10] 它于 1983 年动工，1985 年竣工，占地面积将近 70 万平方米（南京老城也不过 40 平方公里），可住约 3 万人、7 千户，是当时江苏省最大的住宅区，在全国亦属翘楚。该社区在设计上可说是领风气之先：匀质的道路网、公共配套齐全、户型现代化（平均单户面积为 53 平方米，而此时南京的人均居住面积只有 4.8 平方米）、建造速度飞快。条形的住宅楼整齐划一、有序排列，一眼看不到尽头，颇似 20 世纪初期德国理性主义建筑师设计的那些现代化社区。[11]

---

[9] 南京市规划局，南京市城市规划编制研究中心．南京城市规划 2004．2004：118．

[10] 2008 年，我带领两名研究生（张熙慧、刘玮）开始对南湖新村进行全面的调研工作。这是一项多角度、多层面的综合研究。刘玮负责以体育大厦为中心的新建筑改造问题（建筑）；张熙慧负责南湖新村的 30 年变迁史研究（城市）；我统筹全局，研究南京下放户与知青史，以及相关的研究方法。

[11] 比如希尔伯施默（Ludwig Hilberseimer）的"机器城市"，密斯在柏林的非洲大街的住宅楼。另外，南湖新村的在城市边缘处建造居住"乌托邦"，也非常类似 20 世纪 30 年代恩斯特・梅（Ernst May）、马丁・瓦格纳（Martin Wagner）、F・舒马赫（Fritz Schumacher）等人在住宅区（Siedlungen）方面的理念。他们设计的实验性小社区，在都市的边缘处成为一方秩序绿洲，颇有自治意味。

南京卫星图片，白色块为南湖新村

南湖新村现状卫星图

由于面积大、人口多、设计新，南湖新村蜚声一时，被称为“新兴小城市”。竣工之日，省市级大员都到场剪彩。彼时，南京几乎所有的单位都会设法在新村里分到几栋楼，给幸运的员工居住。人人都以能入住南湖为荣，甚至有“敲锣打鼓住南湖”之说。[12] 这个新村浓缩了全南京的市民，是一个南京的未来版“小世界”。竣工后一年间，国内外代表团来此观摩的达 7173 人次，甚至还有国家元首到访。[13] 与刚完工时的体育大厦一样，南湖新村是 1980 年代南京的城市明星。

转眼 20 多年过去，南京在发展，南湖新村却在凋落。曾经的城市招牌、新生活的象征，甚至是国际输出的样板，现在成了落后、肮脏、贫困的代名词。住宅楼功能老化（住宅设计标准几番修改），市政设施落后（大部分公共建筑都已废弃），居住人口老龄化、低收入化，道路系统拥塞不畅，公共空间混乱无序（违章建筑无处不在）。20 年前，人人争相涌入南湖，现在都以速速离开为幸。如果说，当年南湖新村的象征物是位于中心花园的高达 6 米的汉白玉雕像“母与子”，健康而有活力，那么现在南湖新村的符号是污水塘一样的南湖——它被一圈密密麻麻的棚户包围，工厂污水、居民垃圾都排放于此，夏日里蚊虫乱飞，臭不可闻，让人避之唯恐不及。

2003 年，建邺区政府投入巨资对南湖新村进行整体改造，试图一扫多年的颓废，重振区域活力。“振兴工程”分三部分同时进行：其一，基础设施改造，主要内容为道路拓宽，道路沿线的环境综合治理（沿街建筑立面刷新、店面整顿、布置绿化、沿街商铺招牌整治等），雨水污水管道分流；其二，小区出新，主要是对居民楼进行“平改坡”（平屋顶改成坡屋顶）和

南湖新村，1985 年

[12] 南京市地方志编纂委员会. 南京城市规划志（下）. 南京：江苏人民出版社，2008：685.

[13] 南京市地方志编纂委员会. 南京城镇建设综合开发志. 南京：海天出版社，1994：180.

竣工典礼，1985 年

南湖新村，1983 年

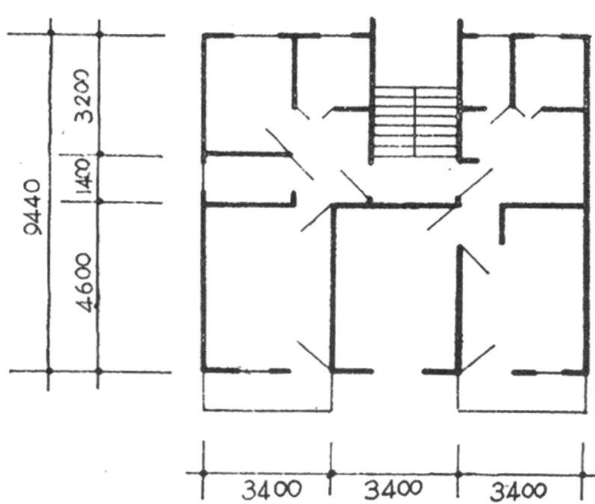

南湖新村基础户型图

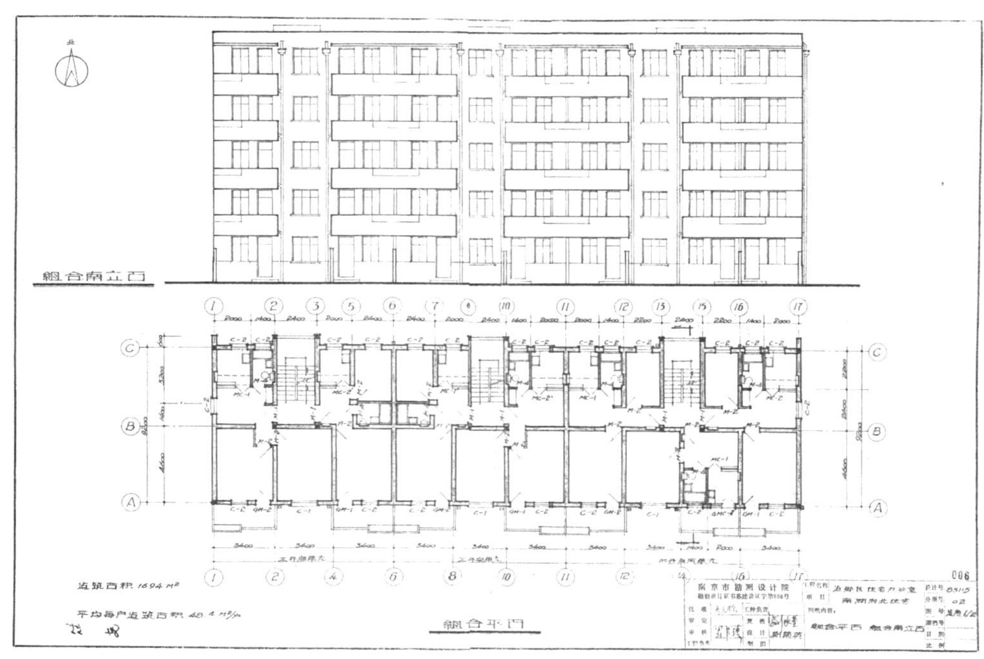

住宅施工图

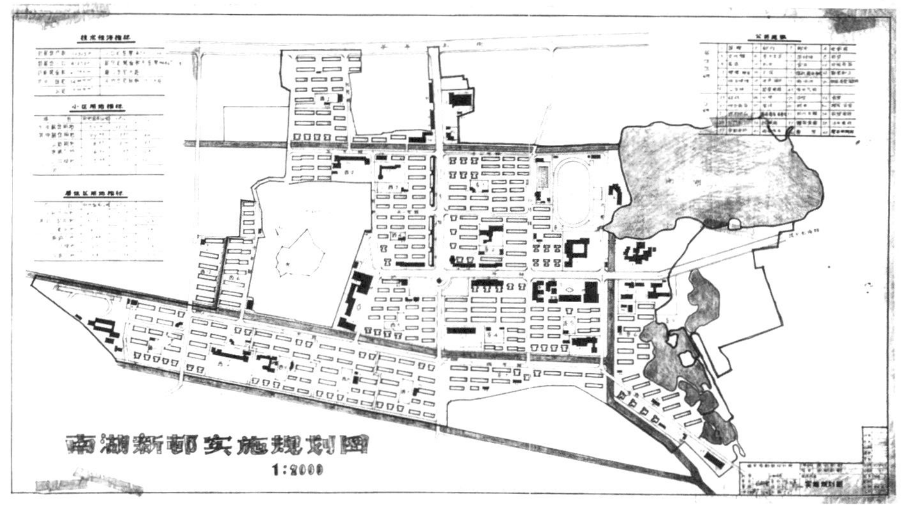

南湖新村实施规划图，来自南京城市建设档案馆

符号改造的公共节点平面图

立面出新（建筑立面刷白、对破败的围栏和围墙加以修缮），对住宅的设备管道进行更新替换；其三，对重要的（公共）空间节点进行改造和建设，南湖广场、五洋百货、JEEP CLUB（吉普俱乐部）、迎宾菜市场、体育大厦、西祠街区、南湖公园、南湖新天地等空间节点或改建、加建，或新建及拆除后新建，均匀散布在南湖新村的各个位置。

三方面的改造可分为两类：功能性改造和符号性改造。功能性改造是硬件方面的改良：修补环境硬伤，升级居住条件，比如拓宽道路、雨污分流、将煤气管道统一更换为天然气设备，以及迎宾菜市场的改建和整治南湖的恶劣环境。符号性改造的意义更为重大，该项工作全部交给建筑，比如JEEP CLUB 改造、体育大厦新建与西祠街区的拆后新建，以及南湖新天地商业街的新建。它们创造了某种视觉上的心理引导——美化空间形象，赋予其时代感。所以，这些建筑都有新鲜的时尚面貌。另外，这些建筑的使用也有特殊设定（酒吧、体育馆、网吧、特色旅馆、咖啡餐饮），它们是某种现代都市生活的象征，亦是现代南京的象征。它们在该社区里都是首次出现。几年下来，两方面改造的效果逐渐明朗。总体来说，功能性改造大都派上些用场，符号性改造皆告失败。

屋顶的平改坡

墙面出新

符号性改造，也即大他者的符号布展，遭遇全面阻击。新介入的空间节点本来应该像注满兴奋剂的强心针，插入都市肌体的血脉交集处，刺激起活力，使其尽快摆脱沉沉暮气，与 21 世纪新南京图景相接轨。但出人意料的是，这些点上不约而同地出现了对抗力——它们瓦解了符号布展的强劲势头，使之消于无形。

第一轮符号布展从体育大厦、西祠街区、南湖公园三个地点开始。西祠街区的“时尚网络牌”介入模式最为显眼。一家投资实业公司在南湖新村南部的原水产研究所的地块上，建起南京首家虚拟社区的实体店——网络社区“西祠胡同”[14]的线下实体版，包括餐饮、酒吧、网吧、售卖、客栈、商务

[14] 西祠胡同始建于 1998 年，是华语地区第一个大型综合社区网站，经多年积累和发展，已成为最重要的华人社区门户网站。在 2002 年前后，该网站达到人气的顶峰，成为南京现代生活的一个符号。

等功能，建筑形式花哨、色调鲜艳（红黄蓝绿）、体块多变，青春气十足。2007 年开张之时，借助网络社区的高人气，出现彻夜排队才能租到门面的盛况。不到半年，即人气暴跌，商户纷纷退租。2009 年 4 月 21 日，西祠街区举行“誓师大会”，打出巨大的“我错了”的条幅，主动承认定位失策、经营失败，宣告放弃“线下社区”概念，转型为“创业园”。这一转型并不顺利，运营以来入驻公司并不多，大部分空间闲置，只余少量的房间作麻将馆、棋牌室用。建筑的光鲜外表残破不堪，如同废墟。[15]“时尚网络牌”以失败告终。

与西祠街区一样，体育大厦的“体育激情牌”也有不错的开端。它应“十运会”而生，理由充分。[16] 委托知名建筑师打造，进一步提高建筑的品质和宣传效应，理所当然。并且，它的存在比西祠街区更具现实性：一则，南京市每一区都应配有一个独立的社区体育中心；二则，南湖新村人口多、密度高，体育设施却极其匮乏，无法匹配社区要求。体育中心的出现，补足了这一多年的遗憾。它与相邻的南湖中学体育馆、足球场，以及不远处的南湖公园一起，恰好组成一个综合性的社区运动空间。老中青三代各取所需：老年人围绕南湖漫步，少年们奔跑于足球场，中青年们进驻体育大厦……大他者的适时介入，更增强其外在的感染力，涂红整个空间界面以营造体育精神的火热气氛。这无疑是一幅理想的图景。只是现实远离梦想，体育大厦启用之后的状况与西祠街区相仿，诸多场馆均乏人使用。两年后的转型虽颇让人意外，但也在情理之中。幸运的是，建筑本身的品质此时显露出优越性，改建的成功为其挽回不少颜面。但这依然无法掩盖大他者的体育符号（“体育激情牌”）布展的失败结局。

---

[15] 近几年，西祠街区白天作棋牌室，晚上则被各种小吃摊点占据。2013 年，该街区面临彻底整改，整个街区被围起，有待施工。后续状况如何，还待观望。

[16] 2005 年的“十运会”对南京意义重大，它是南京新一轮城市建设高潮的契机，旧城更新与新城建设同步进行。借“十运会”之风，当时南京各行政区都以全民健身的名义兴建体育中心，或者将已有的体育中心扩建。除了众多的区级体育中心，南京市还建立了一个市级体育活动中心——南京全民健身中心。在这一潮流之下，建邺区体育大厦的建设被提上议程，并要求必须在“十运会”之前建成，以庆祝大会在南京召开。

2009 年 4 月 21 日，西祠街区打出“我错了”的条幅

从体育大厦远看南湖

已成废墟的西祠街区，2013 年

第二轮符号布展是南湖对面的“南湖新天地”与南湖路边的 JEEP CLUB 酒吧。南湖公园完工之后，[17] 区政府对原南湖公园规划设计中的商业街又作新一轮设计。该项目被称为“南湖新天地”，约 2009 年完工。由于该地块接近水西门大街，是南湖区域与南京主城的接口之一，所以打的是都市色彩浓厚的“小资生活牌”。玻璃幕墙、金属杆件、石材贴面、户外旋转楼梯等时尚元素一应俱全，入驻的商家有“阿英煲”“蓝湾咖啡”“刘一手”等中高档餐饮店和一家情趣商店。但是，启用之后人气凋零、生意惨淡，北广场一面的商铺无一成功出租。由于该区的消费力低下，“小资生活牌”不受待见，这不难理解，只是失效速度如此之快，仍出乎大家的意料。

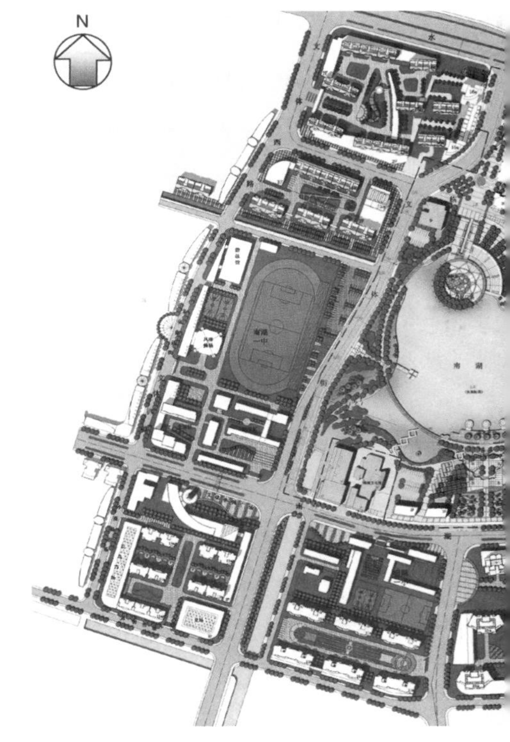

南湖公园规划平面图

[17] 第一轮符号布展中，唯有南湖公园是成功的。“公园建设前，南湖被周边的住宅和棚户所包围，面积日益缩小，周边居民的生活垃圾以及工厂均往南湖投放，湖水日益浑臭。南湖东北边建的别墅只卖 50 万元都无人问津。南湖公园一期建设开始于 1998 年，建邺区政府对南湖西南角进行了改造，修建环湖绿化带，对污染进行了控制，拆除公园西侧违章建筑。2003 年，区政府投巨资对南湖地区进行全方位改造，规划范围达 15 公顷，现有水面约 5.64 公顷。该设计在南湖北部设置了商业街，东边为花园，南和北分别有两个广场，以弧形栈道相连。北广场与莫愁湖公园大门遥遥相对，中间竖立了标志性的雕塑。主要实施了该方案的公园景观部分，所规划的更大范围的住宅区没有实施，仍保留了原住宅。跃进钢铁厂、鼓风机厂（黑工厂）、南京锻压机械厂、南京制革厂、青少年宫和湖边别墅均被拆除。南湖公园于 2005 年 1 月 22 日正式面向社会开放，2008 年荣获建设部授予的“中国人居环境范例奖”。这是南京第一次获得该奖。”参见张熙慧硕士论文《南湖新村三十年史》第 89 页。不过，南湖公园的成功，应属于“自然元素”的成功。似乎只有自然环境方面的投入，才能在南湖新村里获得认可。不过即使南湖改造顺利，极大地改善了环境，为居民带来福祉，我们也不应该忘记，整治后的南湖水面面积大幅缩减。比较几张不同时期的卫星图片即可知，湖面面积至少缩小了二成。在很多南湖居民眼里，它太小了。“哪叫 lake，只算 pool。”见：张熙慧编．南湖新村 / 记忆地图。实际上，在南湖新村建造前，南湖的面积约为莫愁湖的一半，非常之大。

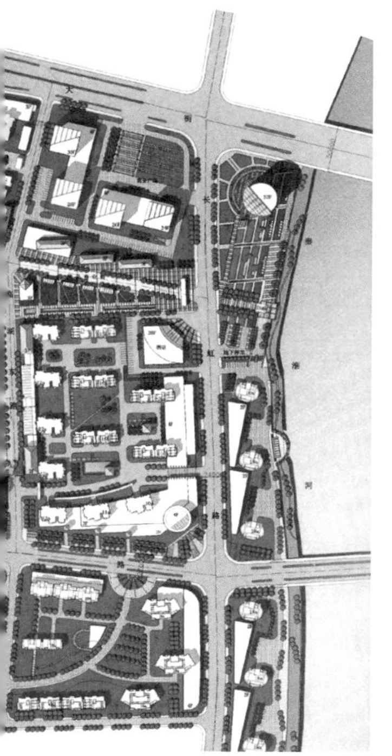

唯一没有一触即溃的新符号布展的据点在 JEEP CLUB 酒吧——“欲望快感牌”。这里原是南湖电影院，南湖新村将近 20 年来唯一的娱乐场所，南湖居民唯一的精神食粮，该社区唯一的欲望之集体出口。它还是南湖新村的重要符号——在南湖新村最早一批宣传册中，它位列其中。2000 年前后，电影院经营不善，倒闭了。后来被承包作为艳舞厅、游演团体的表演厅，声名狼藉，每况愈下。江苏光阳娱乐有限集团公司和香港影星成奎安合资 3000 万元将之挽救，改造成南京最大的夜总会。这是一个酒吧、演艺、KTV 的综合体，总面积为 3800 平方米，2007 年投入使用。其设备一流——采用美国拉斯维加斯式的演艺视觉模式，拥有世界顶级的音响设备，以及与国家大剧院相同的舞台设备和机械装备，激光灯为美国军用激光器，LED 显示屏高达 7 米，面积 160 平方米（华东地区最大）。2007 年 12 月 22 日酒吧开业，门口拥堵了 3000 多人，现场几近疯狂。这是南湖新村自建成以来吸引外人最多的一次。

JEEP CLUB 的运营很不错。陈小春、费翔、杜德伟等演艺名人纷纷到场助兴。很快，它就与“1912”酒吧区并称南京两大夜生活圣地，在活力上甚至更胜一筹。可惜，好景难续，变故陡生。两年后（2009 年），核心人物成奎安去世，酒吧生意渐趋下滑。2013 年年初，区政府决定将南湖电影院彻底拆除，重建一幢 80 米高的 19 层大楼——综合型文化娱乐中心。[18]“欲望快感牌”来得火热，去得传奇。它是自 2003 年以来符号布展系列中最富戏剧性的一环，也是其全面溃散的最后见证。

[18] 数月后，该改造方案又有调整，高度降低，以符合不远处莫愁湖景区周边建筑限高的条例。

南湖新天地，2012 年

JEEP CLUB，2012 年

为什么这一轮符号布展（“时尚网络牌”“体育激情牌”“小资生活牌”“欲望快感牌”）会接续失败？它由大他者倾力为之，既不乏资金支持，又合乎时代潮流，且路数多样，得各方精英（时尚界、设计界、商界）鼎力相助，理应有所作为。是因为南湖新村落后时代太久，已迟钝到不知该如何消化新事物？难道这里只有中老年人居住，他们无法适应这些符号所意指的青春生活？或是这一符号布展过于虚浮，只是应时之作（2005 年的“十运会”及 2014 年的“青奥会”都在南京举办，主场馆也同在离南湖不远的奥体中心），只是一个徒有其表的幻象，在遭遇残酷的现实后自然烟消云散？又或是传闻中的大他者其实意在言外，点式的符号介入只是试探，后续的地产大开发才是正题？

种种可能的原因都指向一个现实。无论怎样，这一 68 公顷的超大空间区域已经具有某种整体性。它像人一样，有结构有序的物质身体，也有讳莫如深的精神世界。那些空间节点的强势介入，触动的不是什么“沉睡的激情”，而是其精神世界的某些晦暗地带——创伤记忆、黑暗经验……它们遭遇到的抗力，或许正是某些已深深埋藏的隐秘情感被拨动之后，身体的本能反应。

南湖新村确实充满了难言的记忆。20 年里，10 余万人生活的点点滴滴都集中在这个巨大的容器里。它们融合成一个密实的记忆体。并且，这一记忆体与普通的大型住区（比如南京在此后 10 年间完成的 100 多个居住小区）不一样，它一开始就被烙上独特的时代印记——下放户。这是一个特殊时代、特定地域的产物。他们是南湖新村产生的肇因，也是它的主要使用者。7000 户住区居民中有一大半（约 4000 户）为下放户。

20 世纪 60 年代末，南京突然掀起一场“人口下放运动”。一声令下，全市紧急动员，短短两个月里，10 余万人在一片喧天锣鼓声中离开古城。水陆两路并进，陆路是汽车，水路则以汉中门外石城桥下的码头为集散点。那段日子里，从石城桥至石头城一段的秦淮河上，停满了从苏北各县来接下放人员的帆船。船上红旗招展，贴满了革命标语。河边有穿军大衣、佩戴“文攻武卫”或“民兵”红袖套的纠察队员维持现场秩序，气氛肃杀。

对于南京，下放具有一些特殊含义。因为，除了知识青年和下放干部这两种普遍的类型之外，南京还有第三种下放人员——下放户。他们人数众多（数万人，24 000 户），占下放人员总数的一大半。他们全家老少，带上零零碎碎的全部家私，甚至猫狗家畜，与知识青年、下放干部一起，被下放到苏北 13 个县的农村，“接受贫下中农的再教育”。

70 年代末，下放人员开始陆续返城。南京市区顿增十数万人口（下放运动后，南京市区人口曾降到 103 万）。下放干部与知识青年都有单位和政府安排工作、住宿，唯有下放户是真正无家可归，由于是全家下放，他们当年的住房已被别人占用。当时的权宜之计是，市政府在全市所有大街小巷（除了几条主要街道之外）的一侧，以及城墙两侧搭建防震棚，以供这些回城人员临时居住。这类临时住房（即贫民区）多达 10 万平方米，遍布南京。[19] 防震棚内部生活条件极其恶劣，又将大量公共场所（街道、绿地、城墙）圈为私人所用，令城市的交通、卫生、安全隐患不绝，令其他市民的生活大受干扰，甚至连重要的南京标志明城墙也大受破坏。[20] 放眼看去，棚屋遍布，污水长流，臭气弥漫……古都南京触目惊心。

为了应对这一迫在眉睫的问题，南京市规划部门提出“回宁居民住房建设用地安排意见”，除将钟门外、方家营等地选作临时简易住宅外，还在近郊的安怀村、东井村、五贵里、石坎门、凤凰西街、南湖等地规划了一批标准不一的住宅区，计划容纳半数以上的下放户。1982 年 5 月，市政府征

[19] 薛冰．南京城市史．南京：南京出版社，2008：112．

[20] “‘文革’结束后大批知青和下放居民返城，尤其是下放居民多已失去原住房而无家可归，当时为解决他们的居住问题，遂沿城墙建造了大量简易住房，甚至在城墙顶部建造房屋、铺设管线、种植蔬菜。市民和近郊农民随意取用城砖更是司空见惯。有人下班用自行车带两块城砖回家，三年坚持不懈，竟建起一间房，成为那个时代令人欣羡的美谈。明城墙的保存状态，在 1980 年前后达到最为恶劣的低点。”见：薛冰．南京城市史．南京：南京出版社，2008：112．

用雨花台区江东公社南湖以西 65.5 公顷土地，拆除房屋 21 451 平方米，拆迁农户 525 户、892 人。组织 17 个区、局（公司）联合参加南湖建设，向社会各方面筹集建设资金 7 000 万元。[21] 三年后，南湖新村一期完工。1986 年 1 月 6 日，《扬子晚报》的头条新闻题目为"'下放'遗害今扫除，几千人家迁新居——本月中旬前南京多数下放户将拿到新房钥匙"。"新居"即指南湖新村一期，它安置了最后一批下放户。

在下放大军中，相比知青和下放干部，下放户的境遇最为不堪。他们的成分很复杂，有工人阶层（很多工厂有近半数工人下放）、军人、个体劳动者、无业人员，也有知识分子。当时南京几乎所有单位都有下放户，由下放户所在地段和所在单位的"革委会"共同决定。下放干部与知识青年都有一定的经济保障，前者是带薪下放，他们的乡下生活相对村民比较优越，后者有家庭做后援。下放户则是既吊销城市户口，下放后也没有工资，他们和当地农民一样靠挣工分吃饭。庄稼之事本来就很辛苦，又要养活老老小小，生活的困苦可想而知。他们无声地承受着时代巨变带来的后果。

30 年匆匆而过，这些知青因为年轻，又有文化，如今很多已成为社会成功人士。他们的故事也随之广为传播，知青由此成为重要的文化符号。它是诸多媒体（影视、文学、报刊杂志）钟爱的主题，以及学术讨论的热点——目前，"知青学"概念已成学界共识。[22] 即使没有经历过那个时代的年轻人，对之也并不陌生。下放干部的情况与之近似，只是影响力较弱。

知青的记忆已转化为正式的历史，现在已有相当数量的"知青史"类著作面世，南京的知青是其中不可缺少的一章。[23] 相比之下，下放户们的记忆只

[21] 桑松禄. 南湖新村——江苏省最大的住宅小区. 江苏经济年鉴，1986（1）：46.

[22] 最近，"知青文化节""知青旅游网"之类的副产品层出不穷。

[23] 著名的《知青之歌》即由南京知青任毅所作。作者因之入狱，列入死亡名单，在枪决前夕又因当时的军区司令员许世友拨乱反正而逃出生天。该作者曾身登谈话节目《鲁豫有约》，面对世人再作浪漫追忆。

停顿在记忆本身。它们太平淡，毫无形式感——没有诱人的青春元素，没有鲜明的群体面貌，没有跌宕起伏的内容。它们太卑微，毫无兴奋点——没有学术化的可能，更缺乏向文化符号转换的经济动力。甚至它的源头都是含混不清的。在全国都在办五七干校、开展知青上山下乡运动之时，唯独江苏省大力推广全家下放（它颇有地域色彩），并把无业居民和个体劳动的居民的下放，进一步扩大到属于国家编制的工人和干部的全家下放。[24] 一夜之间，数万人从普通市民变成农民，10 年后，他们又重新成为市民——没有工作、没有住房，甚至没有亲人。他们莫名其妙地成为一场灾难的主体，随后又被遗忘。[25]

记忆还是有的。它们保留在个人的回忆中，也保留在南湖新村这样的社区之中。南湖新村是对历史错误的补偿。它是下放户这一独特群体的保护层——那些曾经的工人阶层、无业人员回城之后的生活大多艰难。幸运的是，还有一个空间可以容纳他们。南湖新村是他们的居所，也是他们的“世界”——它范围之大、设施之全，堪比一个独立王国，足以让他们安心度完余生。他们坦然接受了自己的命运。外面的世界他们已无力适应，所拥有的，只剩这个“新村”。[26]

20 年来，南湖新村貌似衰落不止——当年引领时代潮流的现代主义风格已

[24] 其时北京等城市也有下放户现象，但数量并不多，都无法与南京全城规模的下放状况相提并论。

[25] 关于下放户问题的研究（历史、文化层面），极其鲜见。即使是普通的报纸类新闻报道，也极少涉及。它们只以只言片语的零散形式出现在一些寂寂无名的书籍里，更多地则存在于家庭内部的共享记忆中。就我所知，南京作家韩东的某些小说（比如《扎根》）对之有较为细致的描绘。当然，那属于艺术创作的范畴。不过书中的描述笔墨颇重（下放户是“不为人知不为人见”的一群），大概是由于其父亲曾是下放户中一员的缘故。

[26] 相对于下放户记忆“空间化”的被动、内向、私人、沉默，同为“下放伙伴”的南京知青的记忆“空间化”完全相反：主动、外向、喧嚣、充满快乐。南京市郊的牛首山上有一个知青自行建造的“知青之家”（一个面积颇大的院落），它既作知青往来联谊集会之用，也接待各方媒体及研究者，甚至国外的学者也常来此处。此外，它还辟出专门的房间陈列相关的纪念物，一个标准的纪念展览空间。个体记忆主动向大历史转化。它甚至进化为一种新型的社交网络，与当下的社会接轨。

经荡然无存，干净、纯粹的板式住宅楼被日常生活的小零碎彻底市民化，宽敞、笔直的街道被各种自建围墙和小院子侵占，变得狭窄混乱。“新兴小城市”不知不觉中退化成一个毫无识别性的普通住区，但实际上它还保持着令人惊叹的稳定性。房子还是那样（只是挂满了空调外机、晒衣杆之类），空间的格局无甚变化（只是街道边停满了汽车）。甚至居住者也没什么变化，直到 1993 年住区里才逐渐出现人员流动，到 2003 年迁入迁出才多了起来。最近一两年，人员流动速度才到达高峰。而且，总的来说，下放户和拆迁户所在的小区流动量最小。[27]

稳定性是一种内在的秩序。下放户们（还有其他社区居民）不遵循外部世界的规则，按照自己的节奏随心所欲地生活。这里有最随意的行走方式。南湖新村内部的街道本来是居住区内部街道，以前车辆很少，居民走在路上如同走在家里。后来这些道路渐渐地成了城市道路，到 2003 年前后，路口安上了红绿灯。可是这没有改变居民们的行走习惯，他们依然在大街上闲庭信步，视红绿灯于无物。“这里的人和狗走路都是直冲冲的。”这也催生出全南京最疯狂的公交车——南湖新村的 13 路公交车，车速奇快，拐弯不减速，随时疾驰急刹，乘客如坐过山车，刺激无比。两种速度随机叠加，蔚为壮观。这里有最普及的娱乐活动——打牌。“南湖百分之七八十的人都打牌”，他们在所有的地方打，广场上、道路边、文化馆、西祠街区……其他的人则在一旁跳舞和遛鸟。这里有自己的集会——（全南京绝无仅有的）“千人大会”“七点钟牢骚亭”；这里有最混杂的公共空间——南湖广场，它是南湖新村的中心，汇聚了所有形式的娱乐活动，被称为“下放户的客厅”；这里有最复杂的街道景观——除了无处不在的牌局之外，还有当街吃饭、路边理发，电线杆下系着山羊……这里还有自己的符号系统和暗语——“一号路”“大圆圈”“大澡堂子”“小百花”“刘长兴”“三步两房”“阴阳墙”“地

[27] 从 1993 年开始，单位职工较多的小区买卖房屋与出租的情况渐增，下放户多的小区较少，拆迁户多的小区人员流动最少。以利民东村的 7 幢楼为例，其中一个单元 10 户当中，有 4 户最早的居民已经搬走。车站村是第二轻工业局的职工宿舍，原居民有一半已经搬走，其中 1 幢楼 15 户中搬走了 5 户，算是搬走居民较少的楼栋。康福村和利民村有 60% 左右的下放户，现在出租的房屋很多，占 1/3。湖西村基本全是下放户，现在还有 70% 左右的原住民尚未迁居。

雷砖”“红房子”，等等。

这个本来由理性、秩序、匀质空间所构成的现代主义社区，被居民们的身体逐步吞噬，成了一个无序的乐园。或许，在他们的潜意识中，这个乐园自给自足，无需改变，时间最好能够停止下来，只属于自己。“南湖新村的人们穿着类似的衣服，脸上流露出类似的神情，聚集在一起活动。他们在南湖广场举行千人大会，立于道路中央围观小贩，排排坐在街边观赏路人，侧耳倾听陌生人的谈话……”[28]

这一稳定性看似自足，其实脆弱不堪。就像那些记忆主体，任何外来的冲击（一则小道消息，一句戏言）都会让他们紧张不安，甚至引发集体性癫狂。笔者的学生在调研时曾向居民透露“政府将在几年内拉直文体路”这一消息，顿时在居民中引起连锁反应，恐慌一片。[29] 她在另一次调研中告知某住户，他所居住的楼房建造时仅花了两个月的时间（其实对于规模有限的预制住宅楼来说，这很正常）。该居民立时奔走相告，导致整楼的住户惶惶不可终日，唯恐房子哪天会自动垮掉。他们如同帕特里克·聚斯金德（Patrick Süskind）小说《鸽子》中的那位男主角，整日生活在精神高度紧绷的状态，无法承受丝毫意外变故。最后，他被一只飞来的鸽子活活吓死。

无序的秩序、内在的协调、独立的世界，一切只为不惊动该社区的初始记忆——下放户的集体记忆。他们对空间的改变有着深深的恐惧，因为这个空间是对他们的记忆，或者说脆弱的精神世界的最后保障。两者已经合为一体，难分彼此。这是一种不可符号化的空间，正如其初始记忆是一种不可符号化的痛苦。2003 年开始的那一系列符号布展，触碰的正是这一敏感神经（用精神分析学的术语，那就是“情感原质”被侵扰，“实在界”被打开）。

[28] 张熙慧．南湖新村三十年史．硕士论文．107．一般而言，进入南湖新村的主要通道，在其北边的水西门大街和南边的集庆门大街。无论走哪一边，都能感受到这一区域和外围气氛的微妙差异。虽然没有实体的围墙作分界，但是它确实像“另一个世界”。曾寓居南湖新村的作家朱文写过一篇关于南湖广场的短篇小说《没有了的脚在痒》，对此有相近的描绘——“在我的印象中，南湖广场就是这样一个闪耀着麻将精神的地方，懒懒散散，怡然自得。”载于《大家》，1995 年，第 5 期。

[29] 张熙慧．南湖新村三十年史．硕士论文．109，125．

体育大厦、西祠街区、南湖新天地、JEEP CLUB 的强势介入，看似大他者的善意之举（丰富居民文体活动，提高消费质量，诸如此类），本质上却无异于侵略与攻击。下放户们所熟悉的空间界面被改变，平静生活遭破坏，自我建构的精神世界（亦是一种幻象结构）轰然坍塌。

大他者的计划不可阻挡，下放户们亦有应对之法。当新的房子（新主体）进入时，原有的主体（环境）随即与之对调身份，自行转变为他者。这是一个迟钝的、没有欲望的、空洞的他者。它对自己的“弱者”身份了然于胸。它用惯常的身体活动、言语交流制造出一种惫怠的氛围，有意无意地割除了与新来者的联系——既不接受，也不拒绝，视作盲点，让它们被孤独所包裹，悬置在某种真空之中。体育中心，基本就是个“废楼”（改成妇产医院？那也一样）[30]；西祠街区，是个“很神秘”的地方，只感觉那里有很多棋牌室，时常“甲醛飘香”；南湖新天地，在所有人的印象中都是空白，“好像那边的停车场很大”；JEEP CLUB，那是外面的人来玩的地方。[31] 总之，它们虽然在这里，但和“这里”没有关系。

新来者由此陷入焦虑。它无法和这里有所交流，获得认同（哪怕是回应），即便是广为人知的 JEEP CLUB，大家也只津津乐道“大傻挂掉了”这一轶事。它们肩负的使命无法实现：既难以与大他者继续已有的利益契约（开发、投资需要经济上的回报），也无力完成大他者的符号委托（最起码也要让南湖地区在视觉上与时俱进）。契约失效，委托失败。新来者只剩下一副空壳，像一叶孤舟被抛在这片沉寂的海洋上，无奈地看着自己慢慢死去。

这就是环境的技术，弱者的游戏。它将自己退隐到几近不存在的地步，以让大他者的欲望落空。大他者的代言人（那些新介入者）由此产生的焦虑，

---

[30] 在调研中，体育大厦在居民记忆里基本为空白。这个耀眼的“红房子”的名字还在，只不过居民们口中所传、所指的是体育大厦边上受“涂红”影响的一座普通的四层小楼房，那里有很多棋牌室。

[31] 南湖新村有其秘密的“欲望快感”地图。南京有“三步两桥”之称，南湖人将之改为“三步两房”。基本每个小区里面都有洗浴房，白天毫无征兆，到了夜里就有幽幽的红色光线散出。路边的小纸条上写着“二十块钱六十分钟，最低消费最高享受”。在调研中，笔者曾听到南湖边上模样像是高中生的男孩们商量交换手上的“货”。

正是环境所乐于看到的。或者说，它享受着大他者的这一焦虑，因为焦虑的承受者本应该是它自己。它本来是被试探者、被观察者，现在成了旁观者；它本来是被侵略者，现在成了布局者。这些本来会带来致命伤害的符号入侵，被转化为隐秘的快感——看着大他者的代言人们从踌躇满志到彷徨失所，到焦虑不安，再到歇斯底里，最后黯然退场。在这个变态的窥视过程中，它让自己成为一个彻头彻尾的受虐狂。

2003 年以来，西祠街区一改再改，其衰落似乎没有尽头；南湖新天地，一出现就成废墟；JEEP CLUB，如烟花般一闪即逝，已成传说[32]；体育大厦，被改造为妇产医院，目前尚属良好，有待观望。南湖新村这个二十年来静如止水的化外之地，被弱者们布置成一个舞台，上演着受虐狂的戏剧。他们用自己的方式操纵着这场游戏，与大他者的“大计划”相抗衡。这是极弱与极强之间的对抗。十年已过，这一轮角逐的胜利者无疑是下放户们，也即“作为受虐狂的环境”。在所有参与者都失望沮丧的时候（无论是幕后的大他者，还是台前的演员），只有它获得了快感与满足。并且，透过台前演员的窘境，它还含蓄地向大他者发出警告：这里并非（大他者自以为是的）公共空间，它是私人领域，任何形式的入侵，都需付出代价。

尾声

当然，就此认为游戏已经完结，还言之过早。极弱方的胜利，是因为记忆主体尚在（下放户们大多还在世），才使得“受虐”战术得以顺利进行。受虐狂的戏剧上演的舞台，正是他们的集体记忆的空间化结果。再过几年，待到他们走完人生最后一程，情况必然大有不同。目前来看，大他者的“大计划”不会就此止步。城市更新的洪流已经不可遏制地蔓延到南湖。[33] 后续的开发计划蓄势待发，一波波跟进。而在下放户的记忆连同他们的身体一起离开之后，空间“结界”（舞台）也将随之消失，无论是弱者的游戏，还是受虐狂的戏剧，都必将难以维持。到那时，南湖新村将逐渐分解，不复存在。[34] 不会就此止步。城市更新的洪流已经不可遏制地蔓延到南湖。[35]

[32] 对南湖居民来说，JEEP CLUB 与大傻之死是一项特别的集体记忆。只要问到 JEEP CLUB，大家都是情绪高涨，然后就是一句“大傻已经挂掉了”。但是，这个地方基本上是南湖人从来不去的。

[33] 实际上，城市更新已经在悄悄地进行清理工作。2005 年对湖西路两侧环境进行综合改造，拆除湖西小区的居委会和部分住宅，1 号楼和 11 号楼两整栋被拆除，6 号楼和 9 号楼均拆除了一半。湖西小区的地理位置在南湖新村的最边缘，最初入住的居民几乎全是下放户，经济条件较差，目前小区中的低保户和边缘户就有 100 多户。虽有抗争，但是均无声地消逝。另一端的西街头小区面临着同样的问题，但是由于该小区建于 1990 年代末，较新，居民多为普通单位职工，力争抵抗拆迁成功，此事在南湖居民口中传为“西街头小区大战文体路”。

[34] 从最新的谷歌地图上看，南湖新村与南京城市的肌理已经完全衔接，边界相当模糊。

[35] 实际上，城市更新已经在悄悄地进行清理工作。2005 年对湖西路两侧环境进行综合改造，拆除湖西小区的居委会和部分住宅，1 号楼和 11 号楼两整栋被拆除，6 号楼和 9 号楼均拆除了一半。湖西小区的地理位置在南湖新村的最边缘，最初入住的居民几乎全是下放户，经济条件较差，目前小区中的低保户和边缘户就有 100 多户。虽有抗争，但是均无声地消逝。另一端的西街头小区面临着同样的问题，但是由于该小区建于 1990 年代末，较新，居民多为普通单位职工，力争抵抗拆迁成功，此事在南湖居民口中传为“西街头小区大战文体路”。

“下放户的客厅”

路边打牌

路边理发

南湖新村 / 记忆地图

张熙慧　编

南湖新村承载着每一个有缘在过去或现在置身那里的人的历史。这些历史以记忆的方式深深扎根于人们的身体中，塑造着他们的一举一动，也因此塑造着南湖新村一沙一石的变化。笔者试图以记忆地图的方式，将他们的记忆标记于其所在的空间位置，试图从中洞察所对应的物质空间的更新是否塑造以及回现某些记忆，而这些记忆又是否激发或者限制了南湖新村物质空间的进一步变化。

笔者共访谈 44 人次，根据分类方式（南湖老村民、南湖新村老居民、迁出者、迁入者、租房客、周边居民、南京市民）从中挑选出相对典型的 14 位，进行个体记忆地图描绘。笔者在南湖新村的公共空间中寻找访谈对象（除去其中两位为笔者的朋友），也许从概率学上讲，并不能呈现出南湖新村的完整面貌，但他们确是对南湖新村的公共空间感受最为深切的人（通过对南湖新村 30 年历史的研究，了解到南湖新村的物质空间更新绝大部分集中在公共空间），并且，正是他们与笔者相遇的因缘和合才促成这个采访笔记。

访谈开始时，笔者首先要求访谈对象在谈话的同时绘制记忆地图（其中仅有三位愿意绘制）。访谈过程中，对于“过去”和“变化”的内容，笔者努力避免加以疏导或干涉，尽量把空间留给采访对象，期望他们自然地按照自身的回忆线索进行讲述。对于“现在”，笔者先请采访对象讲述自己一天的日常生活，再对未涉及的公共空间节点进行提问。访谈对象说着看似没有逻辑的上下文，其中一定蕴含着笔者所不明的缘起。笔者不敢妄加取舍，所以将访谈全程录音记录下来，尽力还原访谈对象的思维过程。为了方便读者阅读，笔者使用自述体文字将之呈现出来，在“备注”一栏中添加笔者的场外信息提示。最后以二维图示方式对访谈对象提及的空间地点进行整理（图中实心圆为采访对象的居住地点，粗线圈为采访对象现在日常生活涉及的地点，箭头为现在主要的日常出行方向，细虚线圈为回忆中涉及的地点），命名“记忆地图”。访谈对象的名字均使用化名，其他信息均为真实。

访谈记录

1 南湖老村民

1.1 眉爷爷

“最大的变化就是人多了，对我没什么影响。”

过去

我从小住在这里，我爷爷也出生在这片土地上，过去西街头没多少人家，都是平房，我就读的小学就在莫愁湖里面，1952 年还是 1953 年莫愁湖小学才搬到大街上，学校用的是徐家的房子。解放后徐家去台湾了，房子空着。

50 年代时南湖大得不得了，长虹路后街，文体村那些地方都是湖面。以前水干净，有很多鱼，人家还用湖水淘米洗菜。从“大跃进”后开始填湖，湖边建了跃进钢铁厂，好像九几年就不行了。后来人多了，生活污水多了，都往南湖扔垃圾。以前就南湖边有点树，水西门大街这片都没有，南湖新村盖好后在路边种了香樟。建南湖新村对我的生活没有影响。他们都是外面迁进来的。以前都是菜地，街上人也不太多，晚上更是空荡，没人啊。

我家是1988年拆迁的，政府给一点点过渡费，我们自己找亲戚住，钱很少，租房子不够，后来实在找不到房子，1989年房管所办公室给我们在旁边盖了临时过渡房。按照人口分房子，三人分小套，四人分中套。我们当时是城区，莫愁湖公园门口往西一点有个门，以前是条沟，门外才是郊区雨花台区，我们这边是建邺区。所以我们是从城内拆迁到城外，每户多补了10平方米。我要了本地房子，邻居有一部分被分到其他地方，当时具体分在哪不是我们自己能选的。西街头小区右边这栋是外贸公司早盖的职工宿舍，盖得很好。其他都是后来开发公司盖的，里面的商品房都按规矩建，但是复建房就乱来了，有人去查过图纸，当时报建的图纸一个单元两户，结果建出来开发商在中间又夹了一户很小的。住宅的户型很有问题，大房间有18.4平方米，小房间6平方米，很难受。政府也不帮我们说话啊，甚至在我家门前间隔3米多的地方还要建一栋，建了8米，2层楼，把我们的阳光挡完了。老百姓不会打官司啊，我们就自己推，建多少推多少，都是老头子上，年轻人不出面，我们老头子怕什么啊。后来也想了很多办法，找了电视台，还写信，直接送到市人大主任家里去，不知道有没有起作用，反正后来开发商是没再修了。虽然这么说，现在的房子肯定比以前平房好多了，以前上厕所都要跑很远，下雨也漏。电影院以前也不去，有电视了大家更不愿意去。游泳馆也不去，我不游泳。

变化

南湖新村建起来，我们生活方便多了。之前看病都去丰富路那边的建邺区医院，后来去南湖社区医院看小病，大病还是要去大医院。

住宅的平改坡都是面街的才改，改一栋楼要二十几万元，政府哪里有钱全部改啊。

我以前的工作在城里，莫愁路烟酒商店，都坐公交上下班，有 7 路公交车可以直接到，7 路车一解放就有。后来人虽然变多了，路扩宽了啊，也没有不便。水西门大街改过两次，1984 年建南湖有过一次，2003 年又一次。2003 年李强任区书记的时候，打算将文体路拉直，老百姓闹得很厉害，要拆掉劳改局宿舍，后来没有拆。文体路迟早要拉直了，你看那边多宽多直的大马路，却没有头，花了几个亿多可惜。

周围的变化对我们没什么影响，老百姓没有高消费。以前区政府在这边，俏江南生意就好，现在不行了。电影院改造成了 JEEP 酒吧，是香港的“大傻”成奎安投资的。

搬走的人不多，大家都没有钱。

现在

现在对这里很满意，环境好，人也多，比奥体中心好，还有老年人啊都恋家恋旧。没有钱，也不考虑搬走。我们是底层人物，我父亲是资本家，表伯去了台湾，是海外关系，自己成分不好，没有机会读书。现在就随遇而安过日子。那边里面有个牢骚亭，每天早上 7 点多有很多人说政府坏话，都七八年了。我不发牢骚，我知足常乐，不过他们那样发泄出来对身体也好。

这片的治安挺好，就是偷自行车的多。现在的社区没有保安，不用交物管费，不过车棚有人看。以前治安很好，家里都不用关门，改革开放以后就不行了。前两天我们 6 楼才被偷，大白天，钱啊首饰啊都被拿走了，衣服没人拿。社区下水道出问题都得自己解决。如果是租的公房可以找房管所，大部分房子都被买下来了，现在要想买也是不到 2 万元一套，没有涨价。租公房的人就算搬走，也不退给房管所，自己出租，能赚很多钱。

我平时的生活是 8 点过出门走走，看看报纸，出来得早就去莫愁湖转圈，下午睡了觉也出来转，南湖公园、南湖广场都经常去。南湖广场人多得很，都在转圈。南湖一中操场晚上也开放，白天没去过，不清楚。体育大厦不去，那里是年轻人的地方，现在还改成了华世佳宝医院。西祠街区也不去。买零用去五洋，买电器衣服什么不去五洋，去城里面买，五洋是私人企业。澡堂常去，平时都是去那里洗澡。买菜都在迎宾菜市场。平时在家吃饭，除非有聚会才去俏江南。现在生活好呢，过去没的粮食吃，现在来人就上馆子。

备注

眉爷爷思维敏捷，记忆清晰。谈过去，第一反应就是菜地，提了很多遍。眉爷爷说自己生活在社会最底层，但是实际上据笔者观察，他的经济状况在南湖应该算是上等。

关于把文体路拉直的故事：2003 年扩宽文体路的时候，政府本来打算将文体路北延与水西门大街相接，需要拆除西街头小区中很多栋住宅。西街头小区建于 90 年代初，算是南湖区域比较新的小区。这事在居民中引起了很大的不满，他们团结起来不接受拆迁。四车道的道路已经建到西街头住宅楼下，为了造势，拆迁方还将西街头小区的牌楼和围墙推倒。西街头小区南面有气势汹汹的道路相冲，北面主入口作为西街头小区标志的牌楼又被推倒，夹在中间的居民们恐慌起来。然而，在这些已被判死刑的住宅楼中，有劳动局的职工，他们决定死磕下去，坚决不搬。据传，经过其中某一位劳动局高官的坚持和努力，拆迁方不得不妥协，放弃北延文体路，重新为西街头小区建好围墙和牌楼。牌楼当然不再是以前的那个，居民们仍然颇有微词，抱怨新的牌楼太丑。截至 2011 年 5 月，西街头小区仍然是完整的。

1.2 鸟爷爷

“变化大了，南湖以前是现在的10倍。”

过去

小时候在南湖游泳，湖里都是半斤重的鱼。南湖以前大了，是现在的10倍，都看不清楚对面的人。都是皮革厂把南湖毁了，50年代的时候建的，污水都往南湖排。我以前住在这棵大树下。电影院最早两毛钱看一次，后来越来越贵，越来越没有生意，大家都有电视，自己在家看。小区一直有栏杆，也没有给生活带来不便，门多，一般一个小区有四个门，也没有看门的，当时坏人也不多。

变化

香港的“大傻”（影星成奎安）把电影院承包下来做夜总会，他前阵子挂掉了。

现在

南湖公园建好后我们开始养鸟，每天出来遛鸟。放鸟的80%都是本地人。现在坏人多，因为外地人多，都是农村上来的人。南湖广场那边有电子琴卡拉OK的，给他五块钱，他给你伴奏。后来周围的居民被吵得不行，告上去了。他们又改打牌，规模越来越大，常常有三个人联合起来宰一个人，那是南湖一景，好好的地方就被他们打牌了。西祠我们不去。平时买东西去迎宾菜市场和五洋百货，买衣服去新街口，洗澡都去华清池。

备注

笔者在南湖公园附近访谈的录音里，尖锐的鸟叫声几乎压过人声。遛鸟是南湖最为壮观的两项活动之一。每天从午饭后开始，南湖公园所有能放置鸟笼的地方（树枝、雕塑、灌木、汽车、栏杆、坐凳、垃圾桶，等等）都被搁上了样式一模一样的鸟笼，鸟笼里的鸟儿甚至都一模一样，黄色的羽毛，眼睛处有白条。遛鸟的人看似来自一个养此品种鸟类的专业团队，有组织有纪律，他们每天到南湖公园集合，交流心得，共同学习进步。

关于南湖广场的卡拉 OK 活动。南湖广场被道路分割出的东西两块区域，平时就是两个演唱会现场，一侧是比较专业的残疾人演唱，唱功了得；另一侧总有人带着音响设备和键盘作伴奏，人们可以花五块钱点歌，拿起话筒就可以开唱，旁边围满着人拍手叫好，歌声悠悠两条街外都能听见。后来因为太吵被举报后，卡拉 OK 活动少了，但是周末也会有。

2 南湖新村老居民

2.1 单位职工：娃奶奶（1983 年入住育英村）

“变化大，以前青草都长得很高。”

过去

以前南湖很大，青草长得很高，湖边一间一间的房子。住在这里后出门等公交要等很久，我害怕骑自行车。7 路和 13 路两条公交线，总是堵车，都急死人了，上班迟到。回来在莫愁湖门口下车，走路到家。我在光华门的第五厂上班，老伴是汽运公司的，这是南京最大最穷的单位，单位在南湖分的房子。

以前都到莫愁湖玩，去公园打羽毛球，也去体育场，小孩会去游泳。会去电影院看电影，门票一两块钱。也会去文化馆玩。南湖路公家办的商场按时上下班，生意比不过私人的，私人的“小百花”生意好得不得了。

变化

南湖新村建了后，最近街道变整洁干净了，七号路多干净。最近新建的大楼对我生活没有影响，不过南湖公园建了好啊，大家都过来锻炼身体。体育馆本来是公家的，后来私人承包，不知道怎么改成体育大厦了。

现在

我有一女一儿，老大在九几年在附近买了房子，老二在2005、2006年买的。我和老伴一起住这边，老大房子小，老二跟老公公一起住，我不可能搬去跟他们住。

社区新搬进来的居民不跟我们交流，门卫换了很多次，不过门卫都认识居民，出租出去的房子少，以前的小门面房拆掉建了围墙。社区没有物业管理，只是每月扣垃圾费七块钱。治安不好，自行车总是被偷。

一般早上在家，下午带孙子到南湖公园玩，老伴在家做饭，也会去体育场走走，晚上也出来走走。不带小孩的时候就不出来，待在家睡睡觉、看看电视。生活用品一般就在苏果、集庆门大街的农贸市场买，衣服去家乐福和五洋百货。

备注

关于上班迟到的故事。南湖新村建好后，水西门大街是其与主城联系的唯一主要道路。南湖新村居民的单位或公司大部分位于城内，一到上下班的时间，水西门大街上的队伍就相当壮观，骑自行车、摩托车的，走路、跑步的，等着坐公交的，甚至还有开拖拉机的，大清早一律齐刷刷往城内赶，傍晚再浩浩荡荡调头回南湖，这两个时间点水西门大街都非常拥堵。最苦的是坐公交的居民，当时只有7路和13路两条公交线路，公交车个头大，一堵起来就丝毫动弹不得。焦急的上班过程是当时居民重要的集体记忆。

“小百花”是南湖新村居民的暗语，它指的是现在南湖东路的南湖百花烟酒超市。南湖新村最早的百货商店分布在两个片区，这两个商店为国家公有，职工按时上下班。绝大部分居民工作时间都在主城内，下班才回南湖，这时它们往往都已经关门。“小百花”是当时唯一的私有百货商店，老板是全国最早开始下海经商的温州人。一到傍晚，南湖新村的“小百花”里面就挤得水泄不通。在当时,“小百花”就是百货的代名词。家长奖励小孩时说“我带你去小百花”，意思就是“我给你买东西”。现在的南湖百花烟酒超市货品类型和经营方式都还是当年一样,除去在里面闲聊的大妈,顾客比员工还少。

2.2 单位职工：正爷爷（解放前入住迎宾村）

“变化很大。”

过去

下放户回城没有工作，生活惨淡，我是汽运公司的职工，好一些。我工作非常努力，不怎么出去玩，常常晚上很晚才回家，甚至通宵不回家。当年人们都去“大圆圈”玩,以前上午打牌,下午唱歌,晚上跳舞。居委会很复杂,晚上要喊话：“小区居民注意啊，晚上睡觉要关门啊，提高警惕啊，防止小偷啊，防止生人敲门啊。”

变化

最近三四年搬走的多。

南湖现在是城区了。20年前拆迁到南湖大家还不愿意，现在想来都来不了。

八年前自己家新装潢了一次。水泥地改为地板。

和儿子、媳妇、孙子（19岁，职业学校毕业，待分配）四人一起住。

房子户主变了，卖出去了，邻居之间不认识。最近小偷多，丢车的，撬门入室的（都有）。

最大的问题是社区管理，居委会电脑设施有了，但是服务跟不上，不过问老百姓的事情，都让百姓去找他们。

社区选民意代表是形式，我都不参加，直接叫你划哪个人，选出来的都是有后台的人，一个年龄大的都没有。居委会不干事也就罢了，他们还造事，在楼下修车棚停汽车，用老百姓的土地创收。

南湖百分之七八十的人都打牌，打牌太多了。

一天的生活：早上起床到文化馆那边吃早饭，然后出来到南湖公园走走，走到莫愁湖，中午回去吃饭。下午也出来玩，一般不去南湖广场，那边打牌的太多，看着心里烦。买东西去苏果、欧尚，一般不走远，现在南湖交通很方便了，地铁也开通了。文化馆现在唱歌下棋都有，主要是打牌，70%到80%（的人）都在打牌。

牢骚亭有两三百人，全南京的人去，持续很久了。什么人都有，还有人每周一、三、五在那边演讲。城管都是没素质的，以前劳改的，欺负街边摆摊的农民，没收东西。

对住房不满意的地方主要就是面积小，四个人住50多平米，儿子想买房我不让，太贵了，不能做房奴。对生活还是挺满意，儿子媳妇都孝顺，中午把饭做好让我回去吃。

备注

“大圆圈”是南湖新村的暗语，位于现在的南湖广场。南湖广场中央曾经是花坛，花坛里有“母与子”雕像和水池，道路沿花坛绕圈，进入南湖新村的车辆都需要减速围绕花坛瞻仰一番。南湖新村的居民为南湖广场取了一个识别性很强的名字：大圆圈。当时全南京的出租司机都知道顾客要去的大圆圈在哪里。曾经一到晚上，“活闹鬼”们（注:南京方言，指小混混）到“大圆圈”比赛骑摩托绕圈，中间的花园不太大，绕圈的时候要一直保持某个倾斜的角度，很有技术难度。他们比赛一次绕多少圈，外面围满喝彩下赌注买马的“活闹鬼”，玩得不亦乐乎。2003 年拓宽南湖路的时候，“大圆圈”被铲除。曾经在南湖新村的中心颇有仪式感的瞻仰以及游戏均随着空间的消失而消失了，取而代之的是飞驰而过的汽车。

每次走到南湖新村，都会被路边打牌的场景所震撼。那是南湖最为壮观的两个活动之一。同样年龄、穿同样的黑衣、戴同样鸭舌帽的中年男人坐在小马扎上，围在一起打扑克，周围站了好几圈同样装扮的人将他们团团围住，看过去黑乎乎一大片。他们也有服务设施，在蓓蕾村西南角文泉洗浴中心旁有个小出入口。有一家夫妻在那里提供桌凳、扑克、热水，一杯水两毛钱，有茶叶的两块。他们甚至还提供草纸，拉片床单遮一遮，墙角就是厕所，洗浴中心的下水口就成了便坑。这导致蓓蕾村小区该出入口出奇得臭。该出入口于 2011 年 3 月份被封，夫妻服务站也被其他载小座椅的流动三轮所代替。千人大会随即渗透到南湖的各个角落，其中最壮观的仍是南湖广场两侧。

2.3 下放户：黄美女（出生在育英村）

"没有变化。"

过去

父亲是下放回城人员，防水建材厂的党委书记。

过去非常混杂，是城乡结合部。小时候户口在南湖，1993 年找人花了 2 万元把户口调到了朝天宫，小学六年级时全家都搬到朝天宫住。读中学时回来住了，来回骑自行车。

周围都是泥巴路，一下雨就得穿高筒（雨）靴。

南湖电影院是南湖人民唯一的精神食粮，小时候第一次走丢就是在那边。

南湖以前没有红灯，南湖的老人和狗走路都是直冲冲的。

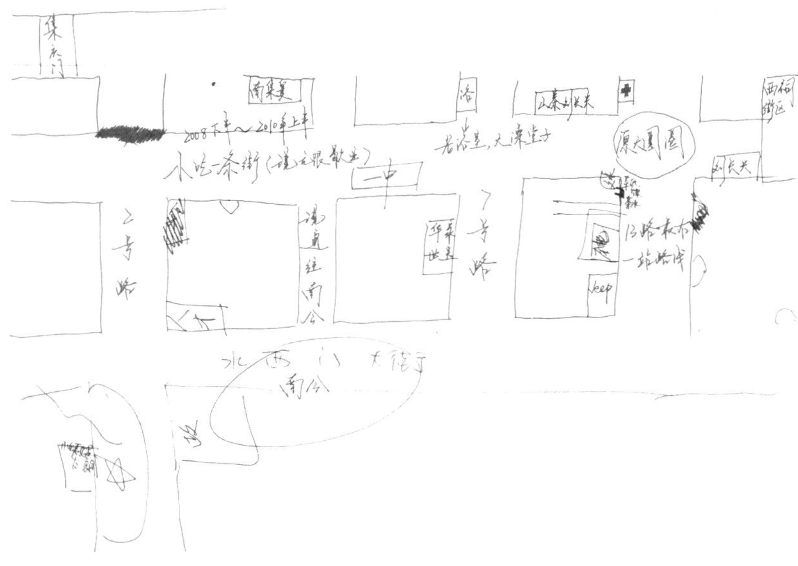

黄美女自绘南湖新村地图

变化

1999 年左右南湖路突然变干净了，以前两边都是摆摊的，又脏又臭，后来没有了。

2004 年，建邺区人民政府刚开始建的时候，有过暴力拆迁。就是在 2004 年，水西门大街成了最美的景观街，南京市的区域划分也有所调整，南湖终于翻身成为市区了，不再是城乡结合部。高考前老师说："你们从现在开始，不是和南湖一中、二中竞争了，你们是和九中、三中竞争了。"当时就感觉南湖终于扬眉吐气了。

第三次小区出新的时候，小区里安装了又高又亮的路灯，再也不需要手电筒了。

高考完了后第一次到南湖公园。当时是 2005 年 6 月份。

从 2005 年开始居委会变得很负责，会定期收集民意、检查管道、防盗门之类，以前都没有。巡警也多了很多。最近南湖连续五家被盗，居委会得知后一夜之间在各小区都增加了一道大铁门，有人负责开关。晚上会留一个只有居民知道的小门。

自从街道开始挖地之后，小吃一条街到现在都是无限歇业状态，只有三四家当年在南湖"大圆圈"摆摊的，现在改到西祠街区那边，其他的都消失了。

没有见到过新邻居，但是有一些老人死去了。小孩长大都出去了，大学毕业后，就都住外面了。

现在有咖啡馆，以前根本没有。

五洋百货也是最近几年突然变漂亮了。

现在

家里在2001到2002年在奥体买了金陵世家的房子，但是不愿意过去住，那边还是一个偏，原子弹炸不死五个人，后悔死了。南湖好的是邻居绝对都认识，非常安全，所以从来不敢带男生往家里走。这边的人起得很早，早晨5点过就有很多人开始活动了。

2009年年底河西万达建成之后，南湖新村的房价就突然开始狂涨。南湖的位置很方便，到哪都是起步价。500米内各家银行都有。小区里的垃圾站也非常方便，完全没有臭味。

体育大厦在我的生活中是空白，无论是健身的地方还是华世佳宝，对我来说就是个废楼。

西祠街区是个很神秘的地方，入口很小。我对它的印象就是里面有很大的停车位，还有就是里面有棋牌室。巷子也深，到处散发着甲醛还没有飘干净的味道。

觉得南湖不好的地方就是吃东西不太方便，除了饭点其他时候都找不到吃的。南湖很适合养老，不适合年轻人居住。南湖的餐饮店很多都是外地人开的。

一天的生活，早上起来到南湖公园跑一圈，吃饭都到“刘长兴”。买菜去迎宾菜市场。

南湖的风筝非常多，晚上满天都是。

备注

南湖新村主干道最早的路灯为颇有装饰韵味的玉兰花形，发出幽幽的白光。它照明度低、光芒穿透性差，主要照亮的对象为空气和树木，一到晚上人们就看不见道路。这条路上有部分下水道井盖位于大路中央，井盖又总会不翼而飞，因此那时常常听说有骑车的人栽到下水道井，连人带车翻到地上。后来渐渐地，改建道路时下水道井被移到了花坛中间，路灯也换成了更实用的暖色灯。

小吃一条街出现在 2008 年 6 月份到 2010 年上半年之间的南湖东路，街两边摆了上百个摊点，售卖砂锅、凉皮、铁板、炒饭、炸串，等等。每天运营到半夜两三点，有很多南京人光顾，相当壮观。2010 年 6 月份左右，由于道路地下水系统修整工程，小吃一条街的摊主四散到南京各处。2011 年，南湖东路的更新工程虽已结束，道路状况也已恢复，但小吃一条街再也没出现了。

“刘长兴”是南湖新村居民的暗语，指的是现在的“美食天地”。过去南湖东路小百花对面曾经有一家刘长兴，卖面条和包子等面食。对南湖新村的大部分居民来说价格比较贵，一般要是小孩考试考好了，一家人才在周末去吃一顿来奖励。在 2005 年或 2006 年的时候，由于经营不善，这家刘长兴的招牌消失了，换上了一个非常没有辨识度的名字“美食天地”，居民都记不住。大家如果说去刘长兴吃饭，指的就是去这家店。最近两年这家店发明了一种类食堂的模式，包子面条还在，新增加了米饭和菜，做得非常干净，本来下午供餐时间是 5 点到 8 点，可是通常一个小时内就会售空。可以说它是新的南湖食堂，南湖人一到饭点都纷纷去这家店报到。后来，在南湖路靠 13 路公车站侧有家店铺挂上了刘长兴的招牌，与老的刘长兴步行仅两分钟，但生意做不过以前那家。据居民说味道不行，品种也不够多。如果说去刘长兴吃饭，老南湖人都知道，其实是去一家在刘长兴附近但现在并不叫刘长兴的食堂。而据不在南湖居住的南京市民讲，新的这家刘长兴在连锁店里算是味道不错的，路过南湖都会去那里就餐。

2.4 拆迁户：便阿姨（1986 年入住文体村）

“以前都是田，看到人都稀奇得很。”

过去

我 1983 年拆迁，住过渡房，1986 年搬回来。

南湖的边界：从对面楼房下面、大英堡、大树下，比现在的南湖大很多。

长虹南路后街以前叫“小桩子”，说小桩子大家才知道地方。南湖一中以前叫“东边塘”“大洲藕塘”。

现在

农民邻居现在很多还是住附近，平时出来走走都能遇见。南湖东路有一家理发店，从有南湖新村开始做到现在，我一般去那里理发。有空会去“红房子”的棋牌室打麻将。买菜去迎宾菜市场。

备注

“红房子”是南湖新村居民的暗语，指的是现在位于华世佳宝妇产医院东边、红色涂料面层的四层小楼房。至于它为什么被涂成红色，要从华世佳宝妇产医院的前生体育大厦说起。南湖体育大厦最初设计的外表为素混凝土，建邺区人民政府认为它作为一个标志性建筑应该更醒目一些，于是它的两个主立面被调整为红色涂面。2005 年体育大厦建成之后，政府将其周边的公共建筑也刷为红色。但无论是体育大厦还是华世佳宝妇产医院，在南湖居民记忆中基本为空白，居民所说的“红房子”指的是旁边被牵连涂红的小楼。

关于南湖新村居民打麻将的爱好。最早居民打麻将是在住宅楼下和车棚门口，后来受不了夏天的蚊虫，一楼的住户就将自家客厅改造成小型的棋牌室，打一晚上每个人交两块钱。虽然居民对付款打牌略有不满，但棋牌室仍然非常火爆，去晚了还得排队。很多人都打到通宵，或者半夜才回家。后来体育大厦旁边也出现了一人交两块钱的棋牌室，而且非常有营销策略，消费一次给一个小牌子，积满 10 个小牌子后可以换一大包清风牌卷纸，南湖人家的客厅里都积满了这样的卷纸。打牌的人都有一个小包，一层放钱，另一层放小牌子。后来大家觉得卷纸不实用，组织无记名投票改礼品，此后全南湖的棋牌室礼品突然全都换成了五月花牌的抽纸。居民为了打牌，还要跟人比谁晚饭吃得快，不然到棋牌室就只有看别人打的份。棋牌室里面烟雾缭绕，人声鼎沸，坐一圈站一圈，还有在领赠品的人。现在价格已经从两块钱涨到四五块钱，打牌的人却丝毫不见少。

3 迁出者

车阿姨（1984—2005 年住在迎宾村）

“变化大啊，一直在变，现在也在整修。”

过去

我 1984 年就过来了，住在迎宾村，当时周围都不完善，里面都没办法走车。到 1986、1987 年才算建完整。水西门大街从我过来就一直很堵，虽然当时汽车少，但是人多路窄啊。我的工作单位在山西路，要坐 31 路到三山街转 7 路，7 路能到南湖新村里面，但是太堵，还没有走着快，我就拽着小孩走路，到水西门口就下车走回家。

我来的时候，南湖电影院还没修好，设备都没有，到 1986、1987 年设备才做好。我们当时要去看电影呢。不过我们是上班族，老伴的单位（汽车队）

在这边，单位会发电影票。我的单位在城里，也会发城里的电影票，有时候我们就去城里看，把这边的电影票送人。南湖电影院旁边有个南湖西餐厅，会去那里吃饭。当时不存在贵不贵一说，都用粮票。

变化

迎宾菜市场以前是汽车队，车队出人出地，建邺区出资，1997、1998 年盖的迎宾菜市场。

现在

我现在住在奥体，骑这个小车，每天早上过来玩玩，在莫愁湖边打打毛衣晒晒太阳，10 点左右到迎宾菜市场买菜。我在这边常常能遇到老邻居。下午在家看看电视，晚上也不出门。

备注

最开始问采访对象是否住在这边时，她回答说“是”。后来才了解到她其实已经搬走了。虽然住处换到了另一个区域，但她不能也不愿意摆脱自己是南湖人的属性，依旧离不开水西门大街边的座椅，离不开熟悉的邻居，离不开老伴单位的菜市场。她的城市生活仍然在这里。

4 迁入者

4.1 公房安置：高爷爷（1996 年入住湖西村）

“南湖新村建好后就没变化，不过周边拆房子，有扩建。”

过去

我是五金装潢厂职工，拆迁过来的。当时有虹苑和清江的小区让我买，我买不起，只有租湖西小区的公房，像虹苑、清江这些名字都是开发商取的，跟地方没有关系。这里以前叫茶亭，后来在这里建房子才取名南湖。

变化

南湖新村建好后没有变化，只是周边有扩建，道路扩宽了，也把人家房子拆掉了，像湖西街、南湖路和水西门大街都扩了。

现在

每天到处转，南湖广场、南湖公园和莫愁湖，还骑自行车去中华门。社区是物管公司在管理，我们交物管费，一个月 15 块钱，买了房子的物管费都十年一扣。年轻人最重要的有三个东西：一是青春，二是外貌，三是学历。

备注

高爷爷语气平和。一谈变化，首先想到的是拆迁。访谈对象黄美女向笔者详细描述过水西门大街拆迁时的情景："2003 年左右，建邺区人民政府刚开挖好地基的时候，有一天清早，急急忙忙上班的人群在人才市场路口的红绿灯处被勒令禁行。大家正疑惑发生什么事情的时候，突然间，四五十个武警冲到大街上，拽着很多上岁数的老大爷老大妈往卡车上扔，老人挣扎不过武警。紧接着位于区人民政府东侧的平房区开始冒浓烟，不知谁放的火，房子开始烧起来。很快这队卡车载着锅碗瓢盆和哭天喊地的人们开走了。交通瘫痪了半个多小时。后来南湖新村的居民们了解到，那些被带走的人都是水西门大街扩街的拆迁户。建邺区政府从城墙内转移到水西门大街侧，怎么能允许周边有大片破烂不堪的平瓦房。目睹那一幕的人们，尤其是曾经同为拆迁户的南湖新村居民，纷纷感叹武警太粗蛮无理，对拆迁户深感同情。从这时开始，水西门外加快了城市化速度。曾经在屋檐下容纳一家人的四方土地，很快成了全南京第一景观大道。也就是在新的水西门大街建成之后，南湖居民才深刻感受到南湖新村跟以前不一样了，才理解城市建设部门的良苦用心：这里已经不再是城乡结合部，而是城市了。”

4.2 买房入住：听爷爷（1994 年入住康福村）

“我们都不是这里的人，你要问其他人。”

过去

我们都不是这里的人，我们在那边（手指老城方向）长大的，不清楚这边，你要问问其他年龄大的人，南湖公园那边本地人多。

变化

变化大，都改了样了。南湖西餐厅变样了，改门面房了，都改样了。西祠那边口子上的苏果最早是菜场，后来改成“大吉祥”。以前南湖广场在中间，“华仔”以前是老年公寓，后来改成“快活林”，旁边是百货商店。奥体中心办“十运会”和“城运会”时，南湖沾了点光，整了整。南湖路西延到西祠那边从过年前开始搞的，本来都快拆完了，里面拆迁没谈好，有个老板被打，就停下来了，说“五一”前要完工。文化馆现在租给别人了，有跳舞的，办培训班。国家需要有它就建，不需要就拆。

备注

听爷爷一直在强调自己在城里长大，不是这边的人。他虽然在南湖新村居住了十多年，内心里却不愿意与南湖菜农一起被划入南湖人的范畴。

关于南湖路西延工程打人事件。事情发生在 2011 年初，南湖东路西延工程需要拆除玉塘村的两栋住宅楼。玉塘村的第一批居民为建造南湖新村时原址安置的拆迁户，经济条件相对较差。现在玉塘村的住房全部属于公房，只有少部分已购。居民大部分连房租都不愿上交房管处，更不可能有经济能力外迁。南湖东路西延工程的拆迁对他们来说首先意味着需要将一二十年的房租全部补齐。其次，由于新建住房面积一般很少低于 70 平方米，迁新居对他们来说还意味着补面积差价，所以非常多的居民抵制拆迁。但是拆迁工作已经开始进行，有居民发现拆迁方的某领导住在附近后，就拿着板砖往领导家里扔，砸伤了人。发生这起事件后，该工程至今都处于停滞状态。

4.3 买房入住：逃小弟（2010 年入住西街头）

“没有变化。”

现在

南京 29 中的初中生，2010 年家里在西街头小区买的房子，120 多万元，二室二厅 98 平方米。房子买在这边考虑的是离以前的家近。一般一个人住，有时候家里人会过来住。家里在南京最贵的小区金鼎湾也有一套大房子，我更喜欢住在那边，那边环境好，小区里绿化好，可以打乒乓球，还有游泳池，吃饭在小区里的西餐厅。

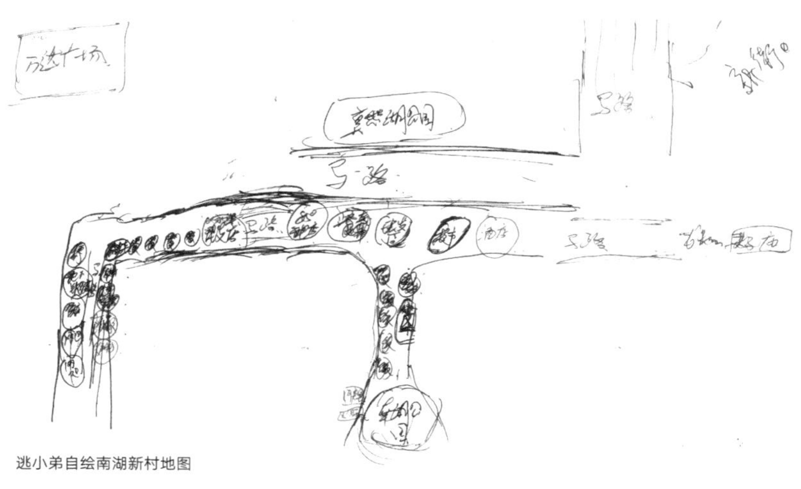

逃小弟自绘南湖新村地图

早上会去迎宾菜市场买早餐回家吃，骑电瓶车上学，从水西门大街走。会去五洋百货买文具，品种多，价格便宜，可以一次买很多。生病一般去儿童医院，只有两三次发烧小病去了南湖医院。南湖公园一般不过来，今天是在这边等人（笔者注：后来得知其实是逃课）。平时晚上写完作业，还会去周围网吧上网，父母只准我周末在家上网，家里电脑有锁。会跟同学一起去体育大厦踢球。西祠街区从来没去过。家里不做饭，都是在外面吃。周末都去同学家里玩。买衣服逛街会去万达广场、夫子庙、新街口。

跟邻居关系很好，还会去其中几家吃饭，大家都认识，有个邻居是开面馆的。

不满的是经常施工，很吵，晚上公园里面跳舞的多，会吵到11点，睡觉睡不好。吃饭也不方便。南湖路上要饭的多。

备注

逃小弟绘制的南湖新村地图中，标注出的店铺基本为沿街商业，餐厅、便利店、理发店、修车铺、网吧，以及较远的万达广场、夫子庙、江苏省口腔医院。

南湖公园的集体舞从每天晚饭之后开始。人们聚集成群，不同群体占据着不同的空间。南湖公园中心广场的规模最大，妇女们把包挂在广场栏杆上，密密麻麻的包，非常壮观。栏杆的另一侧总是趴着一排观舞者，跟着舞者的节奏抖腿晃脑。除了这个最大规模的集体舞团体之外，还有很多小团体散布在各处：公园入口广场有跳手绢舞的，南边有跳健美操的，北边有跳交谊舞的，旁边小亭子有拉二胡唱戏的，等等。大家各自为阵互不干扰。

5 租房客

5.1 王半仙（2010 入住玉塘村，徐州人）

“没有感觉到变化。”

过去

体育馆一楼是游泳馆，2007 年前后淹死过人。

变化

南湖电影院被香港的“大傻”承包办了 JEEP 酒吧。

现在

我是个程序员，在南京待了九年了，工作了五年，以前在南林读书。2009 年换了新工作，公司在汉中门大桥旁边，找到金虹花园住了一年。因为同住的人太吵，2010 年搬到玉塘村，主要就是想能步行上班。住一套三室其中的一间，租金约 700 元，这边房价是全南京涨得最快的吧。

平时从北圩路走路上班，不怎么走水西门大街，虽然地图上距离差不多，心理上总觉得那边要远一点。大概走 20 分钟。自己不做饭，下班就到处吃好吃的，莫愁湖新路有一家四川担担面，金虹花园那边的铁板饭，汉中门大街东的大碗面都很棒，西祠街区也有好吃的。日用品一般去家对面的苏果买，五洋百货从来没进去过，迎宾菜市场进去过一次。衣服一般去河西万达或者新街口买，买鞋去汉中门大桥，那边有折扣店。平时会去南湖体育馆打球，单位在那边每周一天包场，健身去西祠街区的 CTF 健身房。南湖广场我去干嘛？！今天还是第一次来南湖湖边，南湖好小啊，不像 lake，pool 还差不多。周末会去新街口、南京图书馆、夫子庙和河西万达玩玩。

备注

香港影星成奎安（绰号“大傻”）投资将南湖电影院改造为JEEP的事情，在南湖新村几乎无人不知。2007年12月22日，JEEP酒吧开业当天，门口围堵了三千多人，人们冒着严寒，从南京各个地方集中到曾经的南湖电影院。大傻陪客人划拳拍照，大家都玩得非常尽兴。这是南湖新村自建成以来吸引外人最多、最集中的一次。2009年8月27日，大傻去世。次日JEEP酒吧举办了追思活动，影迷们再一次涌到南湖新村，屏幕上播放着大傻的影像，舞队跳着没有主角的舞蹈，人们聚在这里集体追忆过去。笔者访谈过程中，只要提及南湖电影院，南湖新村的居民们无一例外会兴奋地提到大傻，紧接着下一句就是：“大傻已经挂掉了。”

5.2 侉小哥（2008年入住莫愁新村，苏北人）

“现在跟我第一印象一样。”

现在

环境挺好。觉得这里比较安静，周边环境好，就在这里租了房子。一套二室的租金每月1600元。

不跟邻居讲话，去帮忙觉得会被别人怀疑别有用心。

最不好的地方是这里人说话看不起外地人，还有是防盗系统太差，丢了两辆电动车，报警也没有用，有看车的人，不起作用。

有想过换房子，但是在这边住习惯了，不想走。

平时在门口的超市买生活用品，旁边的鸭子店味道很好，经常到莫愁湖和南湖散散步。不知道西祠街区是什么东西。

6. 周边居民

柳爷爷（1991 年入住茶南）

“变化大啊。”

过去

1991 年洪武路工人文化宫拆迁安置到茶南。以前住在堂子街。按面积分房子，大了添钱。

不去电影院，那里要花钱的。老头老太婆都不去。

现在

我 80 多岁，私塾文化，一个月退休工资 2000 多块。

南湖里人太杂。这边有很多下放时期的朋友，所以都过来玩。南湖广场，（晒太阳）散步到南湖广场，一刻钟路程。

洗澡的时候会到南湖来，“大澡堂子”，冬天洗，四五月不来，那时候人也少。有时会过来到菜场买菜。

南湖里有很多工人，他们以前地位高，现在不行了，想讲不敢讲，会比较敏感抵制采访的。

莫愁湖西门有个亭子，早上 9 点到 11 点，叙叙旧，发发牢骚。

备注

“大澡堂子”是南湖新村居民的暗语。它位于南湖东路公共服务区域西北角，现招牌名为“华清池”。在南湖新村竣工之后很长一段时间内，它都是南湖新村及附近唯一的澡堂，南湖新村的居民都称呼它为“大澡堂子”。后来南湖路上新建了一家“文泉洗浴中心”，由于较新、较干净，吸引了这边的女士们，男人们仍然钟情于大澡堂子。周边其他小区年纪较大的居民现在也常到大澡堂子洗浴。

7 南京市民

朱坚强（住万达广场附近）

“南湖新村没有以前那么乱了。”

过去

我第一次去南湖是2007年的时候。之前路过多次，从来没有在那里逛一逛，因为在我的印象里面，南湖就是一个大居民村，除了人还是人，不逛也罢。

印象里对南湖最多的评价就是一个字：乱。小区之多、人口之密之杂，三教九流和社会底层的人占绝大多数，所以那里的夜宵、排档生活也是相当繁华的。不仅南湖人喜欢，绝大多数都是从其他地方赶来喝酒吃食的。沿街的摊位以及商铺，既有像样的大排档，也有极普通的小食店。正因为这里的夜晚从不寂寞，所以莫名其妙的事情多有发生，显得不那么安全，起码在我们旁人的眼里。

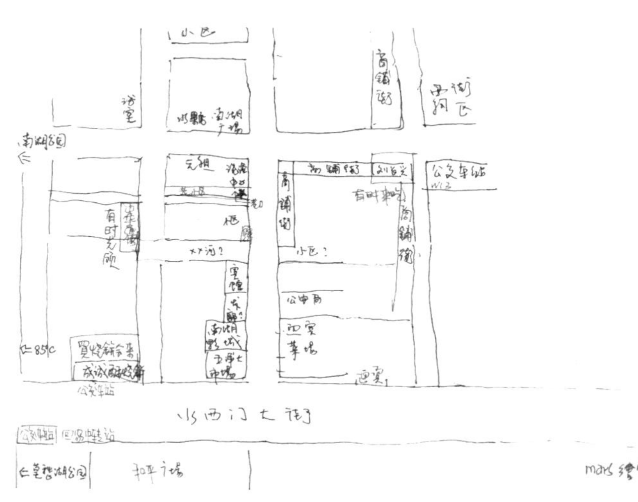

朱坚强自绘南湖新村地图

似乎大部分人认为，那些在夏季的晚上袒胸露背大口吃肉大口喝酒大口抽烟的男男女女就是这个社会麻烦的制造源。

新闻上对于南湖的报道要么是这里出事了，要么是那里脏乱差，基本都是负面的。

2007 年的时候，我因为要送同学回家（笔者注 ：“同学”实指初恋女友），几乎每天都要在南湖走一趟，待同学回家，我就顺着南湖电影院那条街出来，走到水西门大街，再转公交车。

那时候，五洋大市场很破很旧，南湖电影院也是。五洋的破旧从外面看去，仿佛这个商场被一层破铁皮裹着，年代久远，使得破铁皮生的锈都脱落了，那时候感觉附近的居民去五洋买东西都是一脸的不得已和不情愿。南湖电影院在我路过那两年正好赶上重修，门口被围了起来，从朋友那里得知，这个电影院早已失去公用，每天晚上都是民工喜欢进去看一些色情表演之类的。当时我还蛮惊讶的。话说这样的场所就这么明目张胆地存在，好家伙。

当然那时候我每天路过南湖，看到不少小吃店经常排队，也从朋友那里知道不少好吃的店。这也不奇怪，这么多人聚居的地方，你很难把东西做得太难吃。

那时候听得最多的是一家名为“成诚酥烧饼”的店，他们家无时不刻不在排队，只要店是开张的。开始没有限购这回事，但是很多人一排队很久，一买又买很多，更有甚者一买二三百个。后来就实行限购了，每人 20 个，不得多买。

变化 + 现在

南湖的变化是巨大的。我不是一个住在那里的人，从 2007 年在那里散步到前些时候再去转，南湖的现代感越发强烈，当然这些大的变化还是集中在南湖外沿，就是水西门大街附近。越往里面走，变化其实越小。

比如水西门大街两边的商铺，统一换了招牌，也进行了整改，像85°C这样的面包店也进驻南湖。饭店多了，高楼多了，南湖公园旁边还出现了饭店的聚集地。五洋大市场装修一新，南湖电影院也重新开张。

南湖附近的整改小修每年都在悄无声息地进行着，但是你往深了走，小巷子还是小巷子，面馆还是那家面馆，变化不大。我想南湖现在的变化和人群的流动不无关系，很多人搬了出去，也有很多人住了进来。年轻人的增加，使得南湖的社区建设和市政建设不得不跟上南京乃至全国的脚步。当然西祠街区南湖广场那块还是我记忆里的老样子，尤其那些饭店、面馆、水果摊，还是原来的模样。

伪摇在西祠街区做过一次摇滚演出（笔者注：指2009年5月30日下午2点到晚上10点，伪摇滚俱乐部在西祠街区举办的“潮乐”露天大派对），我去了，感觉还不错。

总的来说，南湖现在处于一个良性发展的状态，无论是那里的建设还是氛围都越来越好，而我们听到的对南湖的评价也越来越好。最难能可贵的是南湖依然保持着它的特色，在不断改进，而不是全盘否定从新来过，我觉得这个特别重要。

备注

关于南湖新村的色情表演。南湖电影院最早就是电影院，2000年左右因经营不善倒闭了，被承包下来做艳舞厅。采访对象黄美女也详细描述过当时的情况：“大概在下午五六点的黄金时间段，总能看到电影院门口站着一排艳俗的妇女扭啊扭，放着山寨电子音乐，‘活闹鬼’蹲在路边流口水。大喇叭里播放着：‘5 块钱进来看，豪华真人舞蹈表演，20 块钱近距离，去掉一件很清凉，去掉两件更清凉……’尤其到了周末，阵势非常大，路过的大爷大妈都不齿地把脸转开。南湖电影院的营销策略里还有一部分，一辆车身两边贴满拙劣的手写广告的三轮车，在南湖转过来转过去，里面坐着四到六个女人，开着后门，货色最好的两位靠门坐，伸出黑丝大腿挂在外面。车里还有一个男人负责放喇叭，放完了就再摁一下，不断重复。南湖的小孩们都吓死了，母亲们看到就骂。”2002 年《江南时报》曾刊登题为“南湖电影院竟有艳舞表演”的新闻，讲述了记者去南湖电影院亲历淫秽舞蹈表演。这（现象）一直持续了五六年。

各种各样的南湖新村

从访谈中发现，各人记忆中的南湖新村迥然不同。如图 4 所示，在南湖新村建造前就居住在南湖边的村民，记忆和日常生活都与南湖公园关系密切；第一批入住南湖新村的居民，对南湖新村中心地带记忆深刻，但日常生活现状不一定与之相关；对于迁出者，最重要的是南湖新村中某个在他们目前生活中占有重要地位的地点；买房迁入者的活动集中于水西门大街，而经济条件较差的公房安置者，生活状态与最早的南湖居民相当类似；租房客的日常生活与南湖新村的中心无关，集中在新建的公共空间，如西祠街区、体育大厦、南湖公园，并且活动范围较大，大量波及南京其他地点；与周边居民密切相关的地点有南湖广场、大澡堂、迎宾菜市场等；而对于南京市民来说，水西门大街味美的小店铺非常重要。

按照空间地点可以分别探索 2003 年后南湖新村所“振兴”的公共节点与人们记忆的关系。南湖广场承担着老居民的大量记忆，现在也仍然是他们重要的日常空间；对于之后迁入的居民，南湖广场只跟其中年纪大并且经济状况不太好的居民关系密切。JEEP CLUB 承载着所有人的回忆，却只与年轻的南京市民而不是南湖居民有关。除了青年租房客，其他人都与五洋百货和迎宾菜市场密切相关。对于所有人，华世佳宝妇产医院都是一个神秘

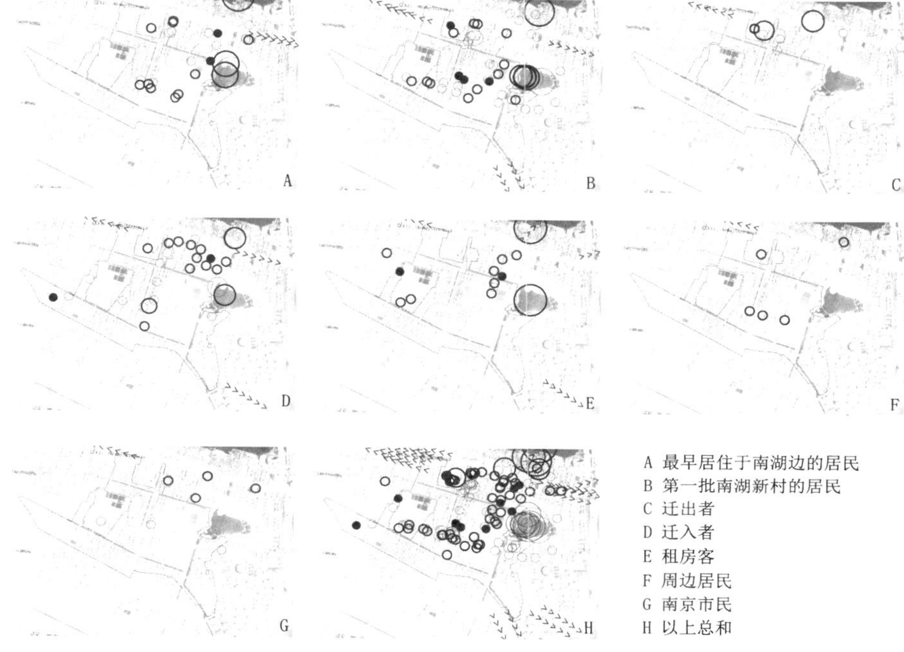

2003年后南湖新村所“振兴”的公共节点与人们记忆的关系

之物，它存在于人们的视觉景象之中，却与日常生活没有任何直接关系，以至于人们对它视而不见。西祠街区只与租房客和南京市民有一些关系，南湖新村居民更感兴趣的是附属于西祠街区的停车场和棋牌室。南湖新天地在所有人记忆中都是空白。南湖公园是所有公共空间中最受居民称赞的，与南京市民却几乎没有关系。

从时间维度上看，回忆所附着的空间位置基本集中在水西门大街、电影院、南湖广场和南湖公园，而日常生活所附着的空间却更为分散。可以看出，人们日常生活的差异性正在增大。如果我们承认差异性是城市生活中最重要的一点，承认南湖新村可被认知为一个完整的个体，那么，南湖新村正在被城市所吞噬。

个体记忆补遗

此部分收录了未绘制个体记忆地图的其他访谈记录。

人物：法奶奶

访谈记录：

1986年至今居住于文体西村（丈夫离休分到的房子，已去世。父亲住宁海路，101岁）。曾是宁海街道办事处主任，1990年退休后到派出所工作到2001年，派出所付给月工资140元。目前月收入5900元左右。

下放户和菜农多，素质低，到处打牌，狗随地拉屎，治安不好。不怎么跟周围邻居联系。

这么多年过去，买东西比以前方便了。以前没医院只有卫生所。

人物：张爷爷

访谈记录：

从部队转业后在供销社工作，40多岁离休后住到南苑新村。

1999年，几千块钱买下来的房子（单位特例给的）。西苑小区拆迁户很多。住进去之前，房子空着。

人物：食奶奶

访谈记录：

一家五口，老两口和小儿子三口，住在莫愁新村。

1959 年水西门大桥工程拆迁，大家自己找住的地方，政府不管。当时野蛮强拆，自己在这边找棚屋住。

城墙都是房管所在拆，拆来盖平房。

现在有垃圾站，挺方便的。

以前有食堂，是街道办的，有时候会过去拿粮票打饭。

人物：王大哥

访谈记录：

2006 年在沿河二村买的房子，近 8000 元 / 平方米。工作于侵华日军南京大屠杀遇难同胞纪念馆研究部。家人住在湖心花园的党校宿舍，所以就买在了这边。政治系严老师也住在南湖新村。

人物：干爷爷

访谈记录：

1995 年新街口拆迁搬过来，加了几千块到城外住大房子。在茶南和南湖两地挑，挑了这里。

人物：口大伯

访谈记录：

南湖新天地以前差点建成高层，后来反映说影响南湖景观，才作罢。文体路不会再拆了，政府没钱，2000 年以后拆迁很难了。

人物：鱼爷爷

笔者备注：

鱼爷爷痛斥拆迁时的 66 块钱问题……他以前住新街口，后来给了 66 块钱，就让搬过来了。具体有没有给房子不清楚。

人物：黑大姐

访谈记录：

电梯房太黑了。

人物：冯爷爷

访谈记录：

（我是）这边最老的人了，在南湖边住了 80 多年，以前住大树下的七架房。

以前这边都是田，现在看到田稀奇得很。

人物：叶爷爷

访谈记录：

二轻局职工，拿的是单位计划外的房子，住在车站村。平时去奥体中心钓鱼，南湖公园要收钱，不去。

人物：武爷爷

访谈记录：

住在沿河三村。白下区将沿河三村给机床厂建厂房，机床厂拿一半出来给自己员工住。

人物：韦奶奶

访谈记录：

住在利民村，南京市建设公司员工。

下放的都是些思想不好的人，大家都不愿意下放。自己本来在政府的下放名单里面，结果工厂不放人。有些工厂效益不好的就下放了很多人，一般都有接近一半的被下放。下放下去没有工资，下面的公社会给点补贴，也就是免费给米之类的。

对面的几栋施工质量都很差，漏雨，当时赶工期。我这栋要好得多。

南湖新村关键词

张熙慧　编

南湖新村的居民生活在共同的物质空间中，拥有某些共同的习惯，共同经历了某些事件，并在口口相传中共同持有一些秘密。以下这些名词或是由南湖新村的居民所造，或对南湖新村的居民有特殊含义。它们是居民语言符号体系中的独特词汇，是了解南湖新村地方性和居民集体记忆的基础。

1　一号路与七号路

南湖新村刚建成时，内部道路是以一到十二的数字编号命名的，在后期道路扩宽的时候才改为现在所使用的名字。一号路到十二号路分别为现在的南湖路（一）、南湖东路（二）、沿河街西段（三）、沿河街东段（四）、蓓蕾街西段（五）、文体路（六）、文体西路（七）、玉塘东街南段（八）、玉塘东街北段（九）、玉塘街（十）、育英街（十一）、蓓蕾街东段（十二）。道路的名字已经被替换了近十年，很多南湖新村的居民已不记得具体每条路当时的编号，但是从水西门大街进入南湖新村最重要的两条道路——一号路和七号路却一直被清晰记忆。它们的名字在居民的记忆更新中存活了下来。南湖新村的居民到现在也称呼它们为一号路和七号路，而不是南湖路和文体西路。在任何实用性地图、街道空间中的标识物上都看不到一号路和七号路文字符号的身影，但是它们的确秘密地存在于南湖新村居民的语言系统之中。

2 南湖大圆圈

南湖广场中央曾经为花坛，花坛里有母与子雕像和水池，转盘道路沿花坛绕圈，进入南湖新村的车辆都需要减速围绕花坛瞻仰致敬一圈。南湖新村的居民因此为南湖广场取了一个识别性很强的名字：南湖大圆圈。该语汇的使用之广，甚至扩张到全南京市。当时在全南京坐出租车，只要告诉司机开到南湖大圆圈，司机们就知道乘客要去的地方是南湖广场。曾经，一到天黑，穿着阿迪王脚踏旅游鞋的“活闹鬼”们（南京方言）就会骑着挺王摩托车在大圆圈比赛绕圈。中间的花园不太大，绕圈的时候要维持某个倾斜的角度，很有技术难度，他们比赛一次能绕多少圈数，外面围满喝彩下赌注买马的“活闹鬼”们，玩得不亦乐乎。后来2003年南湖路扩宽的时候，大圆圈被拆除。曾经在南湖新村的中心颇有仪式感的瞻仰和游戏均随着空间的消失而消失，取而代之的是沿南湖路飞驰而过的城市汽车。

3 大澡堂子

大澡堂子位于南湖东路公共服务区域西北角，在南湖新村竣工之后很长一段时间内都是南湖新村及周边唯一的澡堂。现招牌名为“华清池”，南湖新村的居民却都称呼它为“大澡堂子”。后在南湖路新建了一家“文泉洗浴中心”，由于相对较新、较干净，女士们洗澡就转移到了文泉洗浴中心，男人们却仍然钟情于大澡堂子。甚至周边其他小区中年纪较长的居民也常常到大澡堂子洗浴。

4 小百花

南湖新村最早有两家国有的百货商店，分布在两个菜坊片区，商店职工按时上下班。绝大部分南湖新村居民工作时间都在主城内，下班才回南湖，这时两家国有商店往往都已经关门。“小百花”是当时唯一私有的百货商店，老板是温州人，属于全国最开始下海经商的那一帮人。一到傍晚，小百花里面总是挤得水泄不通。在当时，小百花就是百货的代名词。家长奖励小孩时说“我带你去小百花”，意思就是“我给你买东西”。小百花现在还位于南湖东路上，货品类型和经营方式都还是当年的样子，除去在里面闲聊的大妈之外，顾客比员工还少。南湖新村居民现在购买生活用品主要去菜坊旁边的苏果和南湖路的五洋百货。苏果为新型的自选超市，五洋百货为大型批发市场；它们比起小百花来，可挑选货物种类多，也更方便省时。现在的居民大部分只有在回忆过去的时候会再提起小百花，它在现在已经失去了“百货”代名词的含义。小百花自身的物质空间没有变，它之外的空间却在鲜活地变化着，这使得“小百花”这个词汇所蕴含的意思也在变化。

5 刘长兴

南湖东路小百花对面曾经有一家餐厅叫作“刘长兴”，卖面条和包子等面食，对南湖新村的大部分居民来说价格算比较贵的。过去经常是小孩考试考了高分，作为奖励，一家人才去刘长兴吃一顿面条度过周末。在2005或2006年的时候，由于经营不善，这家刘长兴的招牌消失了，换上了一个非常没有辨识度的名字，居民都不记得。但如果大家说去刘长兴吃饭，指的还是去这家曾经叫作“刘长兴”的店铺。最近两年，这家店开发了一种类食堂的模式，包子、面条还在，新增加了米饭和菜，并且做得非常干净，下午供菜时间是5点到8点,可是一般在6点就都售空。可将它称之为新南湖食堂。南湖新村居民到饭点纷纷到这家店报到，可在店里见到中学生、大妈大爷、时尚青年、商务白领、无业游民等各式各样的人。后来，在南湖路靠13路公车站侧有家店铺挂上了“刘长兴”的招牌，与老的刘长兴步行仅两分钟距离。新的刘长兴生意不太好，据南湖居民说，味道不行，品种也不够多。而据不在南湖居住的南京市民讲，这家现在挂着刘长兴招牌的店在刘长兴连锁店里算是味道不错的，路过南湖都会去那里就餐。南湖新村居民不爱光顾的新刘长兴，它被老刘长兴打败，不知是因口味差异，还是因为居民集体记忆所附着的固定物质空间力量太过强大。现在，如果南湖新村居民说去刘长兴吃饭，只有同样的老南湖人知道，其实是去一家现在并不叫刘长兴的食堂。

6 千人大会

笔者每次走到南湖新村，都会被路边打牌的场景所震撼。那是南湖最为壮观的活动。最早出现于2010年冬天，后来规模越来越大。同样年龄、穿同样深色衣服、带同样鸭舌帽的中年男人，坐着小马扎围在一堆打扑克，边上再站上好几圈同样装扮的人将他们团团围住，看过去黑乎乎一大片。他们也有服务设施：在蓓蕾村西南角文泉洗浴中心旁有个小出入口，有一对夫妻在那里提供桌凳、扑克、热水，一杯水两毛钱，有茶叶的两块钱。他们甚至还提供草纸，拉片床单遮一遮，墙角就是厕所，洗浴中心的下水口就成了便坑。这导致蓓蕾村小区该出入口出奇得臭，墙上写满“禁止尿尿”“在此尿尿者全家是乌龟王八蛋”之类狠毒的文字，还画了乌龟图。后来居委会大妈收集到民意，这对夫妇才做了一个桶收集小便，自己倒到其他地方。该出入口在2011年3月份被封，墙上的字也被刷掉了，夫妻服务站也被其他载小座椅的流动三轮所代替。千人大会随之侵蚀到南湖的各个角落，其中最壮观的仍然是南湖广场两侧。

7 红房子

“红房子”指的是现在位于华世佳宝妇产医院东边、红色涂料面层的四层小楼房。至于它们为什么被涂成红色，要从华世佳宝妇产医院的前生——体育大厦说起。南湖体育大厦最初设计的外表为素混凝土，但建邺区人民政

南湖新村的千人大会

府认为它作为一个标志性建筑应该更醒目一些，于是乎它的两个主立面就被调整为粗暴的红色涂面。2005 年体育大厦建成之后，政府将其周边的公共建筑也刷为红色。可是，体育大厦和华世佳宝妇产医院在居民记忆中却基本为空白，反倒是旁边的四层小楼房，由于其内有很多棋牌室，因而进入南湖新村居民的集体记忆之中。于是，居民所说的“红房子”指的是旁边被牵连涂红的小楼。

8　臭水沟浮尸案

2004 年左右，在南湖新村发生了当地史上唯一一次轰动的刑事案件，居民称它为“臭水沟浮尸案”。在体育大厦旁边的臭水沟里面发现了一具年轻女尸，后来法医和警察调查之后，称其在水中泡了很久，不是在南湖被害，而是从别处漂过来的。该事件让居民们热议了很长时间。虽然这是生活中极其偶然的事件，但是我们不可忽视它的发生也是附着于空间。此次事件将臭水沟的存在提升为居民的视觉焦点：人们突然热烈地讨论起臭水沟的水从哪里来，流到哪里去，它如何变臭的，以及是否会影响身体健康。人们突然意识到自己一直呼吸着的空气是臭的，突然明白小区里的蚊虫是从哪里来的，临水沟的住户突然想起来那扇紧闭多年的窗户本来是可以打开的。笔者并未掌握资料证明该事件与后来南湖公园的水质处理之间存在关联，但此次事件将臭水沟的存在放置到了重要位置，让居民在习以为常的生活空间中觉醒。

9 黑烟中奔出的白屁股

南湖居民中年纪大一点的男性洗澡一般会去大澡堂子。女士们却习惯去更新且更干净的文泉休闲中心，它位于南湖广场靠南湖路一侧，几乎就在南湖新村的中心，门口人来人往较多。2004 年左右，据当时恰好路过文泉休闲中心的居民描述，走着走着突然眼前蹿出一大片白花花的女人们，她们惊慌失措地从滚滚黑烟里冲出，其中甚至还能看到邻居家的奶奶、大妈和小女儿。当时整条街的人们都窘迫无比，过路者纷纷把脸背过去，心里嘀咕着以后见面要如何是好。不知谁想到的主意，从洗浴中心冲出来的女人们纷纷将脸捂住使劲奔跑，很快消失到南湖新村各处。过了好一会儿，大家才注意到火势凶猛，赶紧组织救火。火势过后，文泉休闲中心外表一片狼藉，它居于中心的地理位置几乎向所有南湖居民公然宣告着火灾事件。关于女人们的禁忌话题也迅速在居民中传播开来，人们以各种不可言的秘密心态倾听着、讲述着和讨论着。文泉休闲中心在整修之后很快重新开业，当人们置身于新文泉的物质空间里时，常会在心底浮现这个事件。

10 “大傻已经挂掉了”

大傻将南湖电影院改造为 JEEP 酒吧的事情，在南湖新村几乎无人不知。2007 年 12 月 22 日，香港影星成奎安（绰号“大傻”）投资的 JEEP 酒吧开业当天，门口围了3000多人，人们冒着严寒，从南京各个地方纷纷集中到曾经的南湖电影院。大傻陪客人划拳拍照，宾主尽欢。这是南湖新村自建成以来吸引外来居民最多的一次。2009年8月27日，大傻去世。次日JEEP酒吧举行了追思活动，影迷们再一次涌到南湖新村，屏幕上播放着大傻的影像，舞队跳着没有主角的舞蹈，人们从南京各处来到这里集体追忆过去。在笔者的访谈过程中，只要提及南湖电影院，南湖新村的居民们无一例外会提到大傻，紧接着下一句就是“大傻已经挂掉了”。在南湖新村居民的集体记忆里，南湖电影院这个空间地点已经和该事件捆绑在了一起。

11 红砖阳台

第一次小区出新时，要求每户缴纳二十块钱出新费，主要用于砌围墙、建造车棚和粉刷墙面。这项费用引起了民愤，认为小区出新建设的是公共空间，不是自己家，并没有对自己的生活有利，居委会不应该向居民收费。后来发现钱不得不交之后，居民们自发大大方方地把工地的红砖往家里搬，用洗脚盆盛上施工队拌好的水泥，带回家对自己的房屋修修补补。很多居民都用红砖把阳台上本是建筑师有意设计的缝隙和花格栏板堵上刷平。但即便这样，居民们仍然认为二十块钱买了十几块砖头这事让人非常不愉快。施工队只能眼睁睁看着自己的材料越来越少。这是否影响了围墙的施工范围、高度和质量我们不得而知，但在很长一段时间内，人们在南湖新村抬头就能看到分散在各家各户阳台上的红砖，它们本来被预想成为公共围墙的一部分。再后来新的小区出新将各户的红砖和墙面粉刷为一体，从外表看来，似乎建筑师本来的设计就是实体墙面。

这件事情之后，小区出新再也没有让居民缴纳过费用。另一方面，居委会发现了小区出新的巨大潜力，就算只是简单地刷新墙壁，也能在居民中掀起一片自发改造生活空间的热潮。这是一个非常积极的例子，自上而下的空间更新刺激居民刷新集体记忆，从而引发居民通过集体空间实践继续改变着物质空间。

12 湖西小区1幢楼

2005年，由于要对湖西路两侧环境进行综合改造，湖西小区的居委会和部分住宅被拆除——1幢和11幢两整栋被拆除，6幢和9幢均被拆除了一半。在住宅与道路的斗争中，如果说西街头小区获得了成功，那么湖西小区就是个失败案例。湖西小区的地理位置在南湖新村的最边缘，最初入住的居民算是南湖新村居民中为自己争夺利益的力量较弱的群体，他们几乎全是下放户，经济条件较差，目前小区中的低保户和边缘户就有100多户。也许这就是湖西小区败给湖西路的原因。

住宅楼本应和它的名字一起在物质空间中消失，仅隐藏在南湖新村居民的记忆深处。但是很不幸，它的取名逻辑出卖了它——各楼栋按空间位置编排，以阿拉伯数字编号，从1数到15，这是一个清楚的线性数理规则。但规则越单纯，破坏规则的行为也就越突出。所以，住宅楼的名字将曾经的故事呈现出来。1到15幢楼，唯独没有1幢和11幢。任何一位波德莱尔式的城市游荡者都能发现，2幢楼的更远处，本应是1幢楼的地方，现在却是大马路，曾经发生的故事想必也能猜到了。与此同时，6幢和9幢被切掉的部分，被刷新粉饰之后，从建筑外观丝毫看不出现在的山墙曾经为内墙，存活下来的半栋继承了曾经的整栋楼的名字。

13 小吃街

小吃街出现在2008年6月份到2010年上半年之间的南湖东路，街两边会有上百个摊点，砂锅、凉皮、铁板、炒饭、炸串，等等。这些摊点来自南京各处，他们是一个有秩序的团队，据说是其中一个摊贩发现南湖东路非常适合摆摊，就召集了其他摊主统一来集中营造小吃气候。南湖新村的小吃街每天运营到半夜两三点，很多南京人都涌到这里，场面相当壮观。白领把领带担在肩上；金链男光着膀子上的青龙白虎，腿往凳子上一搁；小孩跟在家长后面，家长吃大份小孩吃小份；一路问过去但就是不肯买的大妈大爷；刚下班的女士，穿着蓝白拖鞋，弄脏了手便往公司制服裙上抹……各种人各种姿态。大家都吃得汗淋淋，特别渴，于是后来出现了一种新的营业方式：由身着统一制服、讲着统一台词的漂亮小姑娘，端着盘子游走在各摊点之间，卖各种养生汤，一盘子五杯。还有一家让大家记忆深刻的新疆羊肉串，半条街都能听见那位老大爷的歌声，边烤肉边跳舞，他的伴舞搭档还跟观众要掌声，人们里三层外三层围着看，这是南湖新村每晚的风景线。后来在2010年6月份左右，由于道路地下的水系统修整，小吃一条街的摊主四散到南京的各个地方。2011年南湖东路的更新工程结束，道路也恢复了更新之前的状况，但是小吃一条街再也没有出现。同样的物质空间形态，由于一个事件的介入，使得附着于它的行为前后大相径庭。

14　七点钟牢骚亭

牢骚亭是莫愁湖公园里靠西门的一座普通亭子，它只在每天早上七点钟成为牢骚亭。每天一到时间，来自南京各处的人们聚集到那里发泄对生活中部分现象的不满。这个现象已经持续了七八年。这些人里从事各行业的都有，能达到两三百人。当中有两个主讲人，每周一、三、五负责发表演说。该集会出现在该地点的原因是否跟南湖新村有关我们不得而知，但几乎全南湖的居民都知道这个集会，他们有的是其中的积极分子，有的怀着或理解、或排斥或者看好戏的心态谈论着。毫无疑问，它在南湖新村居民的记忆中占据着一席之地。

15　三步两房

南京人借用“三步两桥”的意蕴，称南湖的洗浴房现象为“三步两房”。这里基本每个小区里都有洗浴房，它们由小区一楼的住宅改造而成，白天与一般住宅无异，晚上会发出暧昧的红光。这里的职业规则为“二十块钱六十分钟，最低消费最高享受”。笔者曾在南湖边借着湖风听闻高中小男生商量着交换他们手上三步两房的“货”，可见洗浴房在南湖新村有多么普遍。

16 中华面馆

中华面馆的皮肚面在南京非常有名，在网络上评分很高。该店创于城南，发家于南湖，后来做大了，在很多地方都开了分店（包括南湖东路和北圩路）。南湖的老店能查到的地址仅为“文体路”三字，但是在文体路沿街走上无数遍都不可能找到，因为它其实隐藏在莫愁小区内部，仅仅在某底楼住户的家用防盗门上书写了“中华面馆”四字（如下图）。进去之后别有洞天，穿套的房间里面放满条桌，一到饭点就人声鼎沸。老板娘一幅 Rock & Roll 明星打扮，总是在热气腾腾的蒸汽中急忙忙地数着钱。

中华面馆

17 凹孔砖与地雷砖

南湖新村建成后很长一段时间内，人行道的铺地都是带有凹孔的水泥砖，居民称之为“凹孔砖”。泥土找平后直接搁在土上，砖缝为泥土填实，地砖上常期有一层薄薄的泥土。当年的小孩到现在还能清晰记得摔倒后除了啃一嘴泥巴之外，还能看见砖缝里长出的小青草，摔严重时，会在膝盖上留下水泥砖凹孔的血印，这印记也许正是当年小孩的共同标识，物质空间以此方式实实在在地对居民身体有所影响。后来在小区出新时，凹孔砖逐渐被尺度更小的灰砖替代，铺设上盲道和树池框。下雨之后，少量底部不平的灰砖下会积水，居民称之为“地雷砖”，意指这类铺砖踩下去会弹出污水来,不幸者会溅得一身。虽说有少量“地雷砖”,但是人行道比之前干净多了，表面上没有土灰，也没有凹孔，居民记忆中的泥巴、青草和凹孔印记已经失去了其所附着的物质空间。也许凹孔印记还能存在于膝盖上，但其他都成了回忆，逐渐被“地雷砖”的记忆所覆盖。

18 棋牌室

居民们最早打麻将是在住宅楼下，车棚门口。后来受不了夏天的蚊虫，一楼的住户便适时地将自家客厅改造成小型棋牌室，每个人交两块钱打一晚上。居民对付款打牌虽微有不满，但是棋牌室非常火爆，去晚了还得排队。棋牌室一般都是通宵营业，很多人都打到通宵，或者半夜才回家。后来体育大厦旁边也出现了两块钱一人的棋牌室，而且非常有营销策略——消费一次给一个小牌子，积满 10 个小牌子后可以换一大包清风牌卷纸。南湖人家的客厅里都积满了这样的卷纸。打牌的人都有一个小包，一层放钱，另一层放小牌子。后来大家觉得卷纸不实用，组织无记名投票改礼品，此后，全南湖的棋牌室礼品都突然换成了五月花牌的抽纸。居民为了打牌，晚饭都得迅速吃完，不然过去就只有看别人打的份。棋牌室里面烟雾缭绕，人声鼎沸，坐一圈站一圈，还有在领赠品的人。现在价格已经从两块钱涨到四五块钱，打牌的人却丝毫不见少。

19 南湖广场演唱会

南湖广场被道路分割出的东西两块区域，平时就是两个演唱会现场：一侧是比较专业的残疾人演唱，唱功了得；另一侧有人带着音响设备和键盘作伴奏，人们可以花五块钱点歌，拿起话筒自己唱，旁边围满了人在拍手叫好，歌声悠悠，两条街外都能听见。后来因为太吵被举报后，卡拉 OK 活动比较少了，但周末还是会有。

20 全南京最“甩”的公交司机

13 路公交车司机们以绝佳的车技被誉为全南京最“甩”（南京方言）的公交司机。甩司机开车的一个重要特点是车速快，拐弯从不减速，遇前方有车也丝毫不影响甩的形象，呼啦啦往前冲眼看要撞上了，司机猛地一踩急刹，距离前方车尾的距离一定过不了行人。南京市民对乘坐 13 路公交车的感受是：跟坐过山车一样刺激。13 路公交线路从南京汽车站开始，途经中央门、三牌楼、山西路、五台山、汉中门、水西门直到南湖东路西端，一直是南湖居民最常乘坐的公交线路。

南京有那么多的公交司机，为什么甩人唯独集中在 13 路呢？有一种解释是，那源自南湖人民更甩的行走方式。南湖新村内部的道路原本为居住区内部道路，以前车不多，南湖新村的居民走在大路上跟走在自己家里一样，走走停停非常随意。后来这些道路渐渐转变为城市道路，大致在 2003 年左右，南湖新村的内部道路被安装上了红绿灯，可是南湖新村的大妈大爷、青年、小孩包括野狗，都甩习惯了，依旧横冲直闯，红绿灯对他们来讲形同虚设。约定俗成的社会契约因为其中一方的不买账而破裂，13 路公交车司机因此锻炼出了绝佳的车技，养成了随时疾驰急刹的甩风。可以说，是南湖新村的独特性，成就了与众不同的 13 路公交车司机。

21 南湖电影院

南湖电影院最早是单纯的电影院，是南湖人民唯一的精神食粮，去看电影的人非常多。单位发了电影票，大人带着小孩一起看。后来经营不善，2000 年左右倒闭了，被承包下来做艳舞厅，扰得群情激愤，2002 年的《江南时报》刊登了题为“南湖电影院竟有艳舞表演”的新闻，讲述了记者亲临南湖电影院体验淫秽舞蹈表演的故事。这一现象持续了五六年。艳舞厅之后，南湖电影院又被一些四处游演的团体承包下来，于是这里就常见到新奇的演艺人士：有男人穿着女人的衣服，戴上假胸，自己和自己男女对唱；还有杂技、喷火之类。居民们认为比起之前也算上了一个档次。2007 年改为 JEEP 酒吧后，南湖居民不太光顾了。但是酒吧在南京的年轻人之间迅速走红，在青年市民心中，它已经成了南湖的标志。

22 阴阳墙

部分小区在出新时，仅对建筑的向街立面进行刷新。当时有一栋楼，角度有点倾斜，突出的窗户半边刷半边不刷，当时有老太太对粉刷匠说“窗户这边也帮我刷刷啊”，粉刷匠看了看图纸，很委屈地回答：“图纸上没有画，不能刷。”这个事情在小区出新期间广为流传，成了大家茶余饭后的笑料。居民们把只刷了一个方向的墙叫作“阴阳墙”。

23 到南湖公园遛鸟

笔者在南湖公园附近访谈的录音记录里，尖锐的鸟叫声基本都压过了人声。遛鸟是南湖最为壮观的两项活动之一，与“千人大会”并列。每天从午后开始，南湖公园所有能放置鸟笼的地方——树枝、雕塑、灌木、汽车、栏杆、坐凳、垃圾桶等——都被搁上了样式一模一样的鸟笼，甚至鸟笼里的鸟儿都一模一样：黄色的羽毛，眼睛处有白条。遛鸟的人看似来自一个养此品种鸟类的专业团队，有组织有纪律，每天到南湖公园集合，交流心得，共同学习进步。南湖新村的居民以前基本上都不养鸟，在2005年南湖公园建成以后，养鸟者的队伍迅速壮大起来，逐渐形成了现在这幅壮观的景象。

24 南湖夜市

每天一到晚上，文体路临南湖一侧的摊点就在路灯下摆开来。尤其是夏天，夜市从南湖东路口一直延伸到蓓蕾街口，引来人山人海。夜市上主要售卖比较劣质的生活用品，有服饰、台灯、儿童玩具、盗版书碟，甚至还有塑料做的大金链子。晚饭之后，附近居民无论是时尚俏女郎、睡衣妹还是大爷大妈、打闹的小朋友、"活闹鬼"，都会到夜市散步，淘点东西或者观看别人淘东西。这种现象在南湖公园改造前是绝对没有的，南湖公园的空间改造为夜市提供了恰当亮度的照明、干净平整的路面、散步的人群、清新的空气等。物质空间的改造在某种程度上激发了该集体活动，而且该活动也反馈于南湖的物质空间。

25 南湖夜舞

晚饭之后，与夜市同时进行的还有南湖公园的集体舞。人们聚集成群，不同群体占据着不同的空间。南湖中心广场的规模最大，妇女们把包挂在广场栏杆上，跟着带舞老师的英姿翩翩起舞。而栏杆的另一侧，总是趴了一排观舞者，跟着舞者的节奏抖腿晃脑。除了这个最大规模的集体舞团之外，还有很多小团体散布在南湖。公园入口广场有跳手绢舞的，南边有跳健美操的，北边有跳交谊舞的，旁边小亭子有拉二胡唱戏的，各自为阵，互不干扰。

图书在版编目（CIP）数据

遗忘之场 / 胡恒著 .-- 上海：同济大学出版社，
2018.9
(当代史 / 胡恒主编)

ISBN 978-7-5608-7962-8

Ⅰ.①遗… Ⅱ.①胡… Ⅲ.①建筑史－南京－现代
Ⅳ.① TU-092.6

中国版本图书馆 CIP 数据核字 (2018) 第 131710 号

遗忘之场

胡恒 著

出版人　华春荣
策　划　秦蕾 / 群岛工作室
责任编辑　杨碧琼
责任校对　徐春莲
装帧设计　付超
版　次　2018 年 9 月第 1 版
印　次　2018 年 9 月第 1 次印刷
印　刷　上海安兴汇东纸业有限公司
开　本　787mm × 960mm 1/16
印　张　12
字　数　240 000
书　号　ISBN 978-7-5608-7962-8
定　价　68.00 元
出版发行　同济大学出版社
地　址　上海市四平路 1239 号
邮政编码　200092

本书如有印装质量问题，请向本社发行部调换。

“光明城”联系方式　info@luminocity.cn

luminocity.cn

光 明 城

LUMINOCITY

“光明城”是同济大学出版社城市、建筑、设计专业出版品牌，由群岛工作室负责策划及出版，致力以更新的出版理念、更敏锐的视角、更积极的态度，回应今天中国城市、建筑与设计领域的问题。